湖南大学建筑与规划学院教学成果丛书

设计的起点 认知与启蒙

湖南大学建筑与规划学院优秀基础教学成果汇编

2015-2021

Compilation of Works in Basic Teaching of School of
Architecture and Planning, Hunan University

湖南大学建筑与规划学院教学成果编写组 编

中国建筑工业出版社

图书在版编目（CIP）数据

设计的起点 认知与启蒙：湖南大学建筑与规划学院优秀基础教学成果汇编：2015-2021 = Compilation of Works in Basic Teaching of School of Architecture and Planning, Hunan University / 湖南大学建筑与规划学院教学成果编写组编. -- 北京：中国建筑工业出版社，2022.9
（湖南大学建筑与规划学院教学成果丛书）
ISBN 978-7-112-27757-5

Ⅰ．①设… Ⅱ．①湖… Ⅲ．①建筑学－教学研究－高等学校－文集 Ⅳ．①TU-0

中国版本图书馆CIP数据核字(2022)第147487号

责任编辑：陈夕涛 李东 徐昌强
责任校对：王烨

湖南大学建筑与规划学院教学成果丛书
设计的起点 认知与启蒙
湖南大学建筑与规划学院优秀基础教学成果汇编
2015-2021
Compilation of Works in Basic Teaching of School of
Architecture and Planning, Hunan University

湖南大学建筑与规划学院教学成果编写组 编
*
中国建筑工业出版社出版、发行（北京海淀三里河路9号）
各地新华书店、建筑书店经销
北京富诚彩色印刷有限公司印刷
*
开本：787毫米×1092毫米 1/16 印张：13¾ 字数：431千字
2022年11月第一版 2022年11月第一次印刷
定价：128.00元
ISBN 978-7-112-27757-5
（39017）

序言

袁朝晖 建筑与规划学院副院长

近年来，学院围绕"双一流"学科建设发展目标，以"形式与认知、空间与环境、建构与营造、技术与综合、创作与实践"为教学主线，以课程包组织的教学单元，构建基础训练、综合提高、创新创作的"2+2+1"创新人才培养模式和创新教学体系。

基础教学是设计教学开展的起步，以设计基础与美术课程为核心，围绕设计与艺术，以春、秋两季课程包平行统筹、配合关联，并以专题、模块方式层级递进。设计基础以"形式与认知"为重点，分为形式与构成、空间与设计、场所与认知、功能与行为、材料与建造五个专题；对应设置形式基础、空间基础、场所认知、日常感知、建构基础五个教学模块。教学上遵循设计规律与认知特点，注重主题、模块的有机衔接，提升专业技能，培养学生创新思维能力。美术课程则分素描、建筑钢笔画、水彩与建筑表现技法四个专题，以"黑白到彩色"拓展审美视野，由"铅笔—钢笔—水彩—综合材料"逐步提升表达技能。

教学专注于培养建筑学、城乡规划创新人才，由"单一类型"向"复合研究"转变，强调设计思维与专业技能，通过课程包建设的不断优化，完善阶梯递进知识模块与主题教学；基础教学在传统课堂方式基础上，拓展了学时交叉的开放课程、多元实践的建造教学、思政为核心的空间认知、回归传统的人文美育等，探索了教学内容、方式的多种可能。本优秀基础教学成果汇编是近几年相关教学实践、探索的内容盘点，更是改革、经验的有益总结，必将有力推动基础教学的后续深入和特色凝练，成为整体设计教学的体系优化和系统演进的关键一环。

Preface

Yuan Zhaohui
Vice president of School of architecture and planning

In recent years, focusing on the development goal of double first-class discipline construction, the college has built a "2 + 2 + 1" innovative talent training mode and innovative teaching system of basic training, comprehensive improvement and innovative creation with "form and cognition, space and environment, construction and building, technology and synthesis, creation and practice" as the main teaching line and the teaching unit organized by the curriculum package.

Basic teaching is the start of design teaching. It takes the design foundation and art courses as the core, focuses on design and art, makes parallel planning, coordination and connection with the curriculum packages in spring and autumn semesters, and advances in the form of topics and modules. The basis of design focuses on "form and cognition", which is divided into five topics: form and composition, space and design, place and cognition, function and behavior, materials and construction; There are five teaching modules: form foundation, space foundation, place cognition, daily perception and construction foundation. In teaching, follow the design law and cognitive characteristics, pay attention to the organic connection of themes and modules, improve professional skills and cultivate students' innovative thinking ability. The art course is divided into four topics: sketch, architectural pen painting, watercolor and architectural expression techniques. The aesthetic vision is expanded with "black and white to color", and the expression skills are gradually improved during the process of "pencil pen watercolor comprehensive materials".

The teaching focuses on cultivating innovative talents in architecture and urban and rural planning, changing from "single type" to "composite research", emphasizing design thinking and professional skills, and improving step-by-step knowledge module and theme teaching through the continuous optimization of curriculum package construction; On the basis of traditional classroom methods, basic teaching has expanded the open courses with overlapping class hours, the construction teaching of multiple practices, the spatial cognition with ideological and political core, and the return to the traditional humanistic and aesthetic education, and explored a variety of possibilities of teaching contents and methods. This compilation of excellent achievements in basic teaching is not only a review of relevant teaching practice and exploration in recent seven years, but also a useful summary of reform and experience. It will effectively promote the follow-up deepening and characteristic refinement of basic teaching, and become a key link in the system optimization and system evolution of overall design teaching.

总体介绍

学校概况

湖南大学办学历史悠久、教育传统优良，是教育部直属全国重点大学，国家"211工程""985工程"重点建设高校，国家"世界一流大学"建设高校。湖南大学办学起源于公元976年创建的岳麓书院，始终保持着文化教育教学的连续性。1903年改制为湖南高等学堂，1926年定名为湖南大学。目前，学校建有5个国家级人才培养基地、4个国家级实验教学示范中心、1个国家级虚拟仿真实验教学中心、拥有8个国家级教学团队、6个人才培养模式创新实验区；拥有国家重点实验室2个、国家工程技术研究中心2个、国家级国际合作基地3个、国家工程实验室1个；入选全国首批深化创新创业教育改革示范高校、全国创新创业典型经验高校、全国高校实践育人创新创业基地。

学院概况

湖南大学建筑与规划学院的办学历史可追溯到1929年，著名建筑学家刘敦桢、柳士英在湖南大学土木系中创办建筑组。90余年以来，学院一直是我国建筑学专业高端人才培养基地。学院下设两个系、三个研究中心和两个省级科研平台，即建筑系、城乡规划系，地方建筑研究中心、建筑节能绿色建筑研究中心、建筑遗产保护研究中心、丘陵地区城乡人居环境科学湖南省重点实验室、湖南省地方建筑科学与技术国际科技创新合作基地。

办学历程

1929年，著名建筑学家刘敦桢在湖南大学土木系中创办建筑组。

1934年，中国第一个建筑学专业——苏州工业专门学校建筑科的创始人柳士英来湖南大学主持建筑学专业。柳士英在兼任土木系主任的同时坚持建筑学专业教育。

1953年，全国院系调整，湖南大学合并了中南地区各院校的土木、建筑方面的学科专业，改名"中南土木建筑学院"，下设营建系。柳士英担任中南土建学院院长。

1962年，柳士英先生开始招收建筑学专业研究生，湖南大学成为国务院授权的国内第一批建筑学研究生招生院校之一。

1978年，在土木系中恢复"文革"中停办的建筑学专业，1984年独立为建筑系。

1986年，开始招收城市规划方向硕士研究生。

1995年，在湖南省内第一个设立五年制城市规划本科专业。

1996年至2004年间，三次通过建设部组织的建筑学专业本科及研究生教育评估。

2005年，学校改建筑系为建筑学院，下设建筑、城市规划、环境艺术3个系，建筑历史与理论、建筑技术2个研究中心和1个实验中心。2005年，申报建筑设计及其理论博士点，获得批准。同年获得建筑学一级学科硕士点授予权。

2006年设立景观设计系，2006年成立湖南大学城市建筑研究所，2007年成立湖南大学村落文化研究所。

2008年，城市规划本科专业在湖南省内率先通过全国高等学校城市规划专业教育评估。

2010年12月，获得建筑学一级学科博士点授予权，下设建筑设计及理论、城市规划与理论、建筑历史及理论、建筑技术及理论、生态城市与绿色建筑五个二级学科方向。

2010年，将"城市规划系"改为"城乡规划系"。

2011年，建筑学一级学科对应调整，申报并获得城乡规划学一级学科博士点授予权。

2012年，城乡规划学本科（五年制）、硕士研究生教育通过专业教育评估。

2012年，获得城市规划专业硕士授权点。

2012年，教育部公布的全国一级学科排名中，湖南大学城乡规划学一级学科为第15位。

2014年，设立建筑学博士后流动站。

2016年，城乡规划学硕士研究生教育专业评估复评通过，有效期6年。

2017年，在第四轮学科评估中为B类（并列11位）。

2019年，建筑学专业获批国家级一流本科专业建设点，建成湖南省地方建筑科学与技术国际科技创新合作基地;

2020年，城乡规划专业获批国家级一流本科专业建设点。

2020年，建成丘陵地区城乡人居环境科学湖南省重点实验室。

2021年，"建筑学院"更名为"建筑与规划学院"。

建筑学专业介绍

一、学科基本情况

本学科办学 90 余年以来，一直是我国建筑学专业的高端人才培养基地。1929 年，著名建筑学家刘敦桢、柳士英在湖南大学土木系中创办建筑组；1953 年改为"中南土木建筑学院"，成为江南最强的土建类学科；1962 年成为国务院授权第一批建筑学专业硕士研究生招生单位；1996 年首次通过专业评估以来，本科及硕士研究生培养多次获"优秀"通过；2011 年获批建筑学一级学科博士授予权；2014 年获批建筑学博士后流动站；2019 年获批国家级一流本科专业建设点。

二、学科方向与优势特色

下设建筑设计及理论、建筑历史与理论、建筑技术科学、城市设计理论与方法 4 个主要方向，通过科研项目和社会实践，实现前沿领域对接，已形成了"地方建筑创作""可持续建筑技术""绿色宜居村镇""建筑遗产数字保护技术"等特色与优势方向。

三、人才培养目标

承岳麓书院千年文脉，续中南土木建筑学院学科基础，依湖南大学综合性学科背景，适应全球化趋势及技术变革特点，着力培养创新意识、文化内涵、工程实践能力兼融的建筑学行业领军人才。

城乡规划专业介绍

一、学科基本情况

本学科是全国较早开展规划教育的大学之一，具有完备的人才培养体系（本科、学术型 / 专业型硕士研究生、学术型 / 工程类博士、博士后），湖南省"双一流"建设重点学科。本科和研究生教育均已通过专业评估，有效期 6 年。

二、学科方向与优势特色

学位点下设城乡规划与设计、住房与社区建设规划、城乡生态环境与基础设施规划、城乡发展历史与遗产保护规划、区域发展与空间规划 5 个主要方向，通过科研项目和社会实践，实现前沿领域对接，已形成了城市空间结构、城市公共安全与健康、丘陵城市规划与设计、乡村规划、城市更新与社区营造等特色与优势方向。学科建有湖南省重点实验室"丘陵地区城乡人居环境科学"、与湖南省自然资源厅共建"湖南省国土空间规划研究中心"、与住房与城乡建设部合办"中国城乡建设与社区治理研究院"。

三、人才培养目标

学科聚焦世界前沿理论，面向国家重大需求，面向人民生命健康，服务国家和地方经济战略，承担国家级科研任务，产出高水平学术成果，提供高品质规划设计和咨询服务，在地方精准扶贫与乡村振兴工作中发挥作用，引领地方建设标准编制，推动专业学术组织发展。致力于培养基础扎实、视野开阔、德才兼备，具有良好人文素养、创新思维和探索精神的复合型高素质人才。

Introduction to Hunan University

Hunan University is an old and prestigious school with an excellent educational tradition. It is considered a National Key University by the Ministry of education, is integral to the national "211 Project" and "985 Project", and has been named a national "world-class university". Hunan University as it is today, originally known as Yuelu Academy, was founded in 976 and has continued to maintained the culture, education, and teaching for which it was so well known in the past. It was restructured into the university of higher education that exists today in 1903 and officially renamed Hunan University in 1926. The university has five national talent training bases, four national experimental teaching demonstration centers, one national virtual simulation experimental teaching center, eight national teaching teams, and six talent training mode innovation experimental areas. The school is also well equipped in terms of facilities, as it has two national key laboratories, two national engineering technology research centers, three national international cooperation bases, and one national engineering laboratory. It has also received many honors, as it is considered one of the top national demonstration universities for deepening innovation and entrepreneurship education reform, one of the top national universities with opportunities in innovation and entrepreneurship, and one of the top national universities' for practical education, innovation, and entrepreneurship.

School overview

The origin of the School of Architecture and Planning at Hunan University can be traced back to 1929, when famous architects Liu Dunzhen and Liu Shiying founded the architecture group as part of the Department of Civil Engineering. For more than 90 years, it has been a high-level talent training base for architecture in China. The school has two departments, three research centers, and two provincial scientific research platforms, namely, the Department of Architecture, the Department of Urban and Rural Planning, the Local Building Research Center, the Energy-saving Green Building Research Center, the Building Heritage Protection Research Center, the Hunan Provincial Key Laboratory of Urban and Rural Human Settlements and Environmental Science in Hilly Aeas, and the Hunan Provincial Local Science and Technology, International Scientific and Technological Innovation Cooperation Base.

Timeline of the University of Hunan's development

In 1929, the famous architect Liu Dunzhen founded the construction group within the Department of Civil Engineering at Hunan University.

In 1934, Liu Shiying, the founder of the Architecture Department of the Suzhou Institute of Technology, which was the first one to provide major in architecture in China, came to Hunan University to preside over architecture major. Liu Shiying insisted on architectural education while concurrently serving as the director of the Department of Civil Engineering.

In 1953, with the adjustment of national colleges and departments, Hunan University merged their disciplines of civil engineering and architecture with various colleges and universities in central and southern China, forming a new institution that was renamed "Central and Southern Institute of Civil Engineering and Architecture". At this new institution, they set up a Department of Construction. Liu Shiying served as president of the Central South Civil Engineering College.

In 1962, Liu Shiying began to recruit postgraduates majoring in architecture. Hunan University became one of the first institutions authorized by the State Council to recruit postgraduates in architecture in China.

In 1978, Liu Shiying resumed providing the architecture major in the Department of Civil Engineering, which had been suspended during the Cultural Revolution. The Department of Architecture became independent in 1984.

In 1986, the University of Hunan began to recruit master's students to study urban planning.

In 1995, the first five-year official undergraduate major in urban planning was established in Hunan Province.

From 1996 to 2004, the university passed the undergraduate and graduate education evaluation of architecture organized by the

Ministry of Construction three times.

In 2005, the school changed its architecture department into an Architecture College, which included the three departments of architecture, urban planning, and environmental art design, two research centers for architectural history, theory, and architectural technology respectively, and one experimental center.In 2005, the university applied to provide a doctoral program of architectural design and theory, which was approved. In the same year, it was also granted the right to provide a master's degree in architecture.

In 2006, the Department of Landscape Design and the Institute of Urban Architecture at Hunan University were established.In 2007, the Institute of Village Culture at Hunan University was established.

In 2008, the undergraduate major of urban planning took the lead in passing the education evaluation for urban planning majors in national colleges and universities in Hunan Province.

In December 2010, Hunan University was granted the right to provide a doctoral program in the first-class discipline of architecture, with five second-class discipline directions, including: Architectural Design and Theory, Urban Planning and Theory, Architectural History and Theory, Architectural Technology and Theory, and Ecological City and Green Building Design.

In 2010, the "Urban Planning Department" was changed to the "Urban and Rural Planning Department".

In 2011, the university applied for and obtained the ability to transform the first-class discipline of architecture to provide the right to grant the doctoral program of the first-class discipline of urban and rural planning.

In 2012, the undergraduate (five-year) and master's degree in education in urban and rural planning passed the professional education evaluation.

In 2012, it obtained the authorization to provide a master's in urban planning.

In the national first-class discipline ranking released by the Ministry of Education in 2012, the first-class discipline of urban and rural planning of Hunan University ranked 15th overall.

In 2014, a post-doctoral mobile station for architecture was established.

In 2016, the degree program for a Master of Urban and Rural Planning was given a professional re-evaluation and passed, which is valid for another 6 years.

In 2017, the university was classified as Class B and tied for 11th place in the fourth round of discipline evaluation.

In 2019, the architecture specialty was approved as a National First-Class Undergraduate Specialty Construction Site and built into an international scientific and technological innovation and cooperation base of local building science and technology in Hunan Province.

In 2020, the major of urban and rural planning was rated as a national first-class undergraduate major construction point.

In 2020, the school began construction on the Hunan Key Laboratory of Urban and Rural Human Settlements and Environmental Science in Hilly Areas.

In 2021, the "School of Architecture" was renamed the "School of Architecture and Planning".

Introduction to architecture

1. Discipline overview

This university has provided a high-level talent training base for architecture in China for more than 90 years. In 1929, famous architects Liu Dunzhen and Liu Shiying founded the construction group in the Department of Civil Engineering of Hunan University. In 1953, the department was transformed into the Central South Institute of Civil Engineering and Architecture, becoming the leading institute in the Southern Yangzi River (Jiangnan). In 1962, the program was among the first graduate enrollment units of architecture authorized by the State Council. Since passing the professional evaluation for the first time in 1996, the cultivation of undergraduate and postgraduate students has maintained the grade of "excellent" in the many following evaluations. In 2011, the university was granted the right to provide a doctorate degree of the first-class discipline of architecture. The department was approved as a post-doctoral mobile station in architecture in 2014. In 2019, it was approved as a national first-class undergraduate professional construction site.

2. Discipline orientation and features

The degree of Architecture at Hunan Uni versity has four main academic directions: Architectural Design and Theory, Architectural History and Theory, Architectural Technology Science, and Urban Design Theory and Methods. Through scientific research projects and social practice, school has established a serial of featured fields , which include "Local Architectural Creation and Praxis", "Sustainable Architectural Technology", "Green Livable Villages and Towns", and "Digital Protection Technology Of Architectural Heritage".

3. Objectives of professional training

The program of degree strives to inherit the thousand-year history of Yuelu Academy, continue the discipline foundations of the Central South Institute of Civil Engineering and Architecture, follow the comprehensive discipline background of Hunan University, adapt to the trend of globalization and the characteristics of technological change, and strive to cultivate high-level leading talents of architecture for the industry with innovative thinking, high humanistic intuition, solid and broad engineering practice ability.

Introduction to urban and rural planning

1. Discipline overview

The degree program at Hunan University is among the earliest ones in China to provide planning education. It has a complete professional training system, from undergraduate, academic, and professional postgraduate programs to academic and engineering doctoral and postdoctoral programs, and it is considered a double first-class key department in Hunan Province. Both the undergraduate and graduate education tracks have passed professional evaluation and are valid for 6 years.

2. Discipline orientation and features

This degree program includes five academic areas: Urban and Rural Planning and Design, Housing and Community Construction Planning, Urban and Rural Ecological Environment and Infrastructure Planning, Urban and Rural Development History and Heritage Protection Planning, and Regional Development and Spatial Planning. Through scientific research projects and social practice, the program has established a serial of featured fields, and provides curriculums for urban spatial structure, urban public safety and health, hilly urban planning and design, rural planning, urban renewal, and community construction. The program provides access to the Hunan Key Laboratory on the Science of Urban and Rural Human Settlements in Hilly Areas, the Hunan Provincial Land and Space Planning Research Center that was jointly built with Hunan Provincial Department of Natural Resources, and the China Academy of Urban and Rural Construction and Social Governance which was jointly organized with the Ministry of Housing and Urban Rural Development.

3. Objectives of professional training

The program focuses on the cutting-edge theories, tackles major national needs and the problems surrounding individual quality of life, serves national and local economic strategies, undertakes national scientific research tasks, produces high-level academic achievements, provides high-quality planning, design, and consulting services, plays a role in local targeted poverty alleviation and rural revitalization, leads the preparation of local construction standards, and promotes the development of professional academic organizations. We are committed to cultivating high-caliber talents with a solid educational foundation, broad vision, political integrity and talent, high moral compass, innovative thinking abilities, and exploratory spirit.

总体课程概述

陈翚　建筑系主任

我院建筑学专业主干课程组织注重落实《全国高等学校建筑学专业评估文件（2018年版·总第六版）》《普通高等学校本科专业类教学质量国家标准》《湖南大学本科专业培养方案修订意见（湖大教字〔2019〕29号）》等文件的相关要求，主要强调：（1）课程之间的协同与前后衔接，形成特色化课程体系（跨年级）和课程包（同年级为主）；（2）课程本身的前沿性，增加行业发展前沿理论课，选修课强调前沿性与理论化，小课（16课时）为主；（3）人才培养的多元特色，对接本硕博的一贯制培养；（4）跨学科的培养体系，与土木工程学院等单位协同开展新工科建设。

一、课程建设组织

1. 以设计课程为主干的课程包建设

建筑学专业教育，以"设计基础Ⅰ、Ⅱ"和"建筑设计Ⅰ-Ⅵ"构成主干课程，围绕主干课程建设，设置"设计基础知识""建筑历史与理论""建筑技术""建筑执业基础""城市设计""计算机模拟与辅助设计"等知识体系。

各年级的课程，以"建筑设计"为核心建设为"课程组"，将各个知识点关联，理论教学与设计实践相配合，形成一个完整的主题化训练单元。各个年级之间，从"设计基础Ⅰ、Ⅱ"到"建筑设计Ⅰ-Ⅵ"，再到"毕业设计"，按照时间序列，由浅入深、由简单到复杂、由单体到城市，渐进式开展设计主题训练。通过实施以设计主干课为主线的课程组建设，串联知识模块。其中一年级为建筑基础教育阶段，以"形式与认知"为主题建设统一的学科基础课平台；二到四年级为建筑专业教育阶段，二年级以"空间与环境"、三年级以"建构与营造"、四年级以"技术与综合"为主题分别组织专业核心课与专业选修课；五年级则以毕业设计为核心，围绕"创作与实践"的主题，培养多专业综合协调能力与建筑知识的综合运用能力。

目前，建筑设计主干课程建设已经形成大型木构建筑原型（一年级，单元空间＋景观小品）、微空间（二年级，

中小型建筑：包括建筑群体和单体空间与地域环境、城镇与乡村环境的综合设计训练），场所文脉（三年级，城市文脉＋城市记忆博物馆），群组建筑与再利用设计（三年级，群组设计＋教育建筑），生态高层建筑（四年级，高层建筑＋可持续建筑），数字大跨（数字建筑＋大跨建筑）等教学主题。

2. 特色前沿课程建设

2008年以来，我院开展了一系列的教学改革研究，提高建筑学本科的教学效果与办学效率。目前，已经在设计基础课程、数字建筑教育、实践课程体系建设、毕业设计的量化评分方法与反馈评价机制等领域形成特色。

二、教学特色梳理

1. 梳理课程体系层级

对应建筑学一级学科专业课程指南，构建"一轴两翼"的专业课程教学组织与层级体系，即以建筑设计课程为主轴，梳理基础理论课程和前沿特色课程的教学目标、内容、形式与时序，形成完整清晰的课程包体系。

2. 重视双语能力培养

提升国际合作与交流的质量，拓展全球学术视野。多年来，聘请海外名师，联合境外一流高校，持续开展"长周期设计课程国际同步教学"（中国与捷克、中国与斯洛文尼亚）"中意俄线路遗产保护""中意数字仿真技术""湖南大学与台湾铭传大学移地教学实践""中日东亚都市比较研究"以及"村镇活化"等教学合作项目，开设"建筑理论""遗产活化"等全英文或双语课程，培养国际前沿资讯、信息的获取能力。

3. 重视专业前沿把控

开设"岳麓建筑讲堂"，聘请海内外学者、新锐建筑师走进课堂，讲授前沿理论、创作方法以及执业方法。

4. 强调实验实践能力培养

依托数字遗产、建筑虚拟仿真、建筑新媒介等实验室建设，开设相关课程，提升数据采集、数据分析、空间模拟能力。

Chen Hui, Director of architecture Department

The organization of the main courses of architecture specialty of our college pays attention to the implementation of the relevant requirements of the national architectural specialty evaluation document of colleges and universities (2018 version · general version 6), the national standard for the teaching quality of undergraduate majors in ordinary colleges and universities, and the revision opinions on the training scheme of undergraduate majors of Hunan University (hudajz〔2019〕No. 29), It mainly emphasizes: 1) the coordination and connection between courses to form a characteristic curriculum system (cross grade) and curriculum package (mainly in the same grade); 2) The cutting-edge nature of the course itself increases the cutting-edge theoretical courses of industry development, and the elective courses emphasize cutting-edge and theorization, mainly small courses (16 class hours); 3) The diversified characteristics of talent training are connected with the consistent training of this, master and doctor; 4) Interdisciplinary training system, cooperate with civil engineering college and other units to carry out the construction of new engineering subjects.

1. Curriculum construction organization

1.1 Curriculum package construction based on Design Curriculum
The education of architecture specialty consists of "basic design I and II" and "architectural design I-VI". Around the construction of the main curriculum, it sets up knowledge systems such as "basic design knowledge" "architectural history and theory" "architectural technology" "Fundamentals of architectural practice" "urban design", "computer simulation and aided design".

The courses of all grades take "architectural design" as the core and build it into a "course group", which connects various knowledge points and combines theoretical teaching with design practice to form a complete thematic training unit. From "basic design I and II" to "architectural design I-VI" to "graduation design" among all grades, design theme training is carried out gradually from shallow to deep, from simple to complex, from monomer to city according to time series. Through the implementation of curriculum group construction with the main design course as the main line, the knowledge modules are connected in series. The first grade is the stage of architectural basic education, and a unified basic course platform is built with the theme of "form and cognition"; The second and fourth grades are the education stage of architecture specialty. The second grade organizes professional core courses and professional elective courses with the theme of "space and environment", the third grade with the theme of "construction and construction", and the fourth grade with the theme of "technology and integration"; The fifth grade takes the graduation design as the core and focuses on the theme of "creation and practice" to cultivate the comprehensive coordination ability of multiple majors and the comprehensive application ability of architectural knowledge.

At present, the construction of main courses of architectural design has formed large-scale wooden building prototype (grade 1, unit space + landscape sketch), micro space (grade 2, small and medium-sized buildings: including architectural groups and single space and regional environment: including comprehensive design training of urban and rural environment), place context (grade 3, urban context + urban memory Museum), Group building and reuse design (grade 3, group design + educational building), ecological high-rise building (grade 4, high-rise building + sustainable building), digital long-span (digital building + long-span building), etc.

1.2 Characteristic frontier curriculum construction
Since 2008, our college has carried out a series of teaching reform research to improve the teaching effect and school running efficiency of undergraduate architecture. At present, it has formed characteristics in the fields of basic design courses, digital architecture education, practical course system construction, quantitative scoring method and feedback evaluation mechanism of graduation design.

2. Combing teaching characteristics

2.1 Sort out the level of curriculum system
Corresponding to the professional curriculum guide of the first-class discipline of architecture, build a professional curriculum teaching organization and hierarchical system of "one axis and two wings", that is, take the architectural design curriculum as the main axis, sort out the teaching objectives, content, form and sequence of basic theory courses and cutting-edge characteristic courses, and form a complete and clear curriculum package system.

2.2 Pay attention to the cultivation of bilingual ability
Improve the quality of international cooperation and exchanges and expand global academic vision. Over the years, famous overseas teachers have been employed to jointly carry out "international synchronous teaching of long-term design courses" (China and the Czech Republic, China and Slovenia) "Sino Italian Russian line heritage protection" "Sino Italian digital simulation technology" "land transfer teaching practice of Hunan University and Taiwan Mingchuan University" "comparative study of East Asian cities between China and Japan", and "Village activation" and other teaching cooperation projects, set up "architectural theory" "heritage activation" and other all English or bilingual courses, and cultivate the ability to obtain international cutting-edge information and information.

2.3 Pay attention to professional frontier control
Set up "Yuelu Architecture Lecture Hall" and invite scholars and cutting-edge architects at home and abroad to enter the classroom to teach cutting-edge theories, creative methods and practice methods.

2.4 Emphasizing the cultivation of experimental and practical ability
Relying on the laboratory construction of digital heritage, building virtual simulation and building new media, set up relevant courses to improve the ability of data collection, data analysis and spatial simulation.

基础教学课程概述

钟力力 基础教研中心主任

在"多元开放、多极整合、个性创新"的教学理念指导下，我院采取"一轴两翼三平台"的课程教学体系，主线为"形式与认知、空间与环境、建构与营造、技术与综合、创作与实践"，两辅线则是技术类和历史人文类教学，贯穿基础训练、综合提高、创新创作三个核心能力平台。基础训练平台以设计基础与美术课程为核心，教学上强调课程包配合关联，专题、模块层级递进，并引入开放课程、实体建造等多元教学方式激发学生创新思维能力，课程建设与教学组织呈现出专题化、关联性与开放性的新特征。

一、设计基础课程

1. 设计基础课程包建设

设计基础是建筑学、城乡规划专业学习的起点，以"形式与认知"作为教学重点。设计基础分两课程展开，设计基础1与设计概论为秋季学期课程包，偏重理论与专业启蒙；设计基础2与开放课程为春季学期课程包，偏重思维与技能训练。设计基础共分五个专题：形式与构成、空间与设计、场所与认知、功能与行为、材料与建造；对应设置了形式基础、空间基础、场所认知、日常感知、建构基础五个教学模块。每个模块内嵌若干设计命题，模块之间也通过命题串联。五大模块形成有机联系的整体，以空间认知、设计与表达为导向，按照教学次序交叉呈现于学生面前，教学模式内在的关联性与学生的专业认知规律相一致，很好地解决了教学过程中学生在"逻辑思维"基础上引入"设计思维"、在"常规技能"基础上逐步训练"专业技能"的教学问题。

2. 课程组织与教学特色

五个教学专题整体衔接、各有侧重。形式与构成专题培养形式的感知、创造及抽象能力；空间与设计专题着重掌握空间意识与手法，培养对空间形态的感受与创造能力；场所与认知专题要求掌握功能分析、人体尺度、空间认知；功能与行为专题要求掌握"功能—空间—建构"的方法与步骤，实践并体会作品解读分析、功能空间表达、材料模型建构的过程；材料与建造专题聚焦"真实建造"，通过"概念、设计、建造、反馈"四个阶段学习方案设计，

实践模型制作与现场建造。五个教学模块强调目标进阶，形式基础模块关联平面构成、立体构成；空间基础模块以空间构成为核心，设置单元空间、组合空间、动态空间等不同类型；场所认知模块将环境作为重点，有不同主题的微建筑设计；日常感知模块以功能为核心，教授功能主义设计方法与过程；建构基础模块以轻质建造、主题建造、多元建造组成迭代进阶的材料系列。整体课程组织开放多元，教学特色鲜明，为后续设计教学的有序开展打下了良好基础。

二、美术课程

1. 美术课程包建设

美术是艺术启蒙的通识基础，也为平行的设计基础及后续的历史、人文课程提供有力支撑。美术1与美术2为秋季学期课程包，内容是素描与建筑钢笔画；专业美术1与专业美术2为春季学期课程包，内容是水彩与建筑表现技法。美术课程帮助刚入校的学生从零基础起步，通过训练提升美术技能与审美能力。素描以线条、结构、明暗等为基本表现手段，培养学生的绘画实践能力。建筑钢笔画以钢笔为主要工具，向设计表达开始靠拢，以真实独特的审美表达创造个性化的造型。水彩要求掌握色彩知识，认识色彩美感，初步掌握运用色彩手段完成造型能力。建筑表现技法培养学生以水彩、马克笔、彩铅等工具表达设计理念、造型构思的专业技能。

2. 课程组织与教学特色

美术重视基础技能与艺术审美，突出学科的设计属性，教学组织注重层次性，理论讲述与写生练习交替开展，由黑白到彩色逐步打开艺术审美视野，由"铅笔—钢笔—水彩—综合材料"逐步提升表达与造型能力。素描与建筑钢笔画突出基础技能，为设计基础墨线绘图、建筑制图与表现提供了前置保证；水彩以风景写生为特色，为建筑、景观、环艺设计储备了色彩能力与方法；建筑表现技法以多样的专业技能来表达复杂的设计理念与造型构思，让学生逐步领悟建筑的艺术本质。

Overview of Basic Teaching Courses

Zhong Lili
Director of basic teaching and Research Center

Under the guidance of the teaching concept of "pluralism, openness, multipolar integration and personality innovation", our college adopts the curriculum teaching system of "one axis, two wings and three platforms", with the main line of "form and cognition, space and environment, construction and construction, technology and synthesis, creation and Practice", and the two auxiliary lines of technical and historical humanities teaching, running through basic training, comprehensive improvement Three core competence platforms for innovation and creation. The basic training platform takes the design foundation and art courses as the core. In teaching, it emphasizes the coordination and correlation of curriculum packages, and the gradual progress of topics and modules. It also introduces multiple teaching methods such as open courses and entity construction to stimulate students' innovative thinking ability. The curriculum construction and teaching organization show new characteristics of specialization, relevance and openness.

1 Basic design course

1.1 Construction of basic design curriculum package

Design basis is the starting point of architecture and urban and rural planning, with "form and cognition" as the teaching focus. The design foundation is divided into two course packages. The design foundation 1 and introduction to design are the autumn semester course packages, focusing on theory and professional enlightenment; Design foundation 2 and open courses are spring semester course packages, focusing on thinking and skill training. The basis of design is divided into five topics: form and composition, space and design, place and cognition, function and behavior, material and construction; There are five teaching modules: form foundation, space foundation, place cognition, daily perception and construction foundation. Several design propositions are embedded in each module, and the modules are also connected in series through propositions. The five modules form an organic whole, guided by spatial cognition, design and expression, and cross present in front of students according to the teaching order. The internal relevance of the teaching mode is consistent with the students' professional cognitive law, which well solves the problem that middle school students introduce "design thinking" on the basis of "logical thinking" and gradually train on the basis of "conventional skills" in the teaching process The teaching of "professional skills".

1.2 Curriculum organization and teaching characteristics

The five teaching topics are connected as a whole and have their own emphases. The topics of form and composition cultivate the perception, creation and abstraction ability of form; the topics of space and design focus on mastering space consciousness and techniques to cultivate the feeling and creation ability of space form; the topics of place and cognition require mastering functional analysis, human scale and spatial cognition; the topics of function and behavior require mastering The method and steps of "function space construction", practice and experience the process of work interpretation and analysis, function space expression and material model construction; the special topic of materials and construction focuses on "real construction" through "concept, design, construction and feedback" The five teaching modules emphasize the advanced goal, and the formal foundation module is related to the plane composition and three-dimensional composition; the spatial foundation module takes the spatial composition as the core and sets different types of unit space, combined space and dynamic space; the place cognition module focuses on the environment and has micro architecture design with different themes The daily perception module takes function as the core and teaches the design method and process of functionalism; the construction foundation module forms an iterative and advanced material series with light construction, theme construction and diversified construction. The overall curriculum organization is open and diversified with distinctive teaching characteristics, which lays a good foundation for the orderly development of follow-up design teaching.

2 Art Course

2.1 Construction of art curriculum package

Art is the general basis of art enlightenment, and also provides strong support for parallel design basis and subsequent history and humanities courses. Art 1 and art 2 are the curriculum packages for the autumn semester, including sketch and architectural pen painting; professional art 1 and professional art 2 are the curriculum packages for the spring semester, including watercolor and architectural expression techniques. Art courses help newly enrolled students start from scratch , improve art skills and aesthetic ability through training. Sketch takes line, structure, light and shade as the basic means of expression to cultivate students' painting practice ability. Architectural pen painting takes pen as the main tool, starts to move closer to design expression, and creates personalized modeling with real and unique aesthetic expression. Watercolor requires mastering color knowledge, understanding color beauty, and preliminarily mastering application Color means to complete the modeling ability. Architectural expression techniques cultivate students' professional skills to express design ideas and modeling ideas with watercolor, marker, color lead and other tools.

2.2 Curriculum organization and teaching characteristics

Art attaches importance to basic skills and artistic aesthetics, highlights the design attribute of the discipline, pays attention to hierarchy in teaching organization, alternates theoretical narration and sketch practice, gradually opens the vision of artistic aesthetics from black and white to color, and changes from "pencil pen watercolor comprehensive materials" Gradually improve the ability of expression and modeling. Sketch and architectural pen painting highlight the basic skills and provide a pre guarantee for the design basis, ink line drawing, architectural drawing and performance; watercolor is characterized by landscape sketching, which reserves color ability and methods for architecture, landscape and environmental art design; architectural performance techniques express complex design concepts and modeling ideas with a variety of professional skills Students gradually understand the artistic essence of architecture.

目录

CONTENTS

专题一：形式与构成——形式基础模块
Topic 1:Form and Composition—the Basic Module of Form

开课学期：大一秋季学期

Semester:Autumn semester of first grade

1-1 平面构成
Plane Composition
1-2 平构与立体的转换
The Transformation between Planar and Solid

教师团队
Teacher team

钟力力
Zhong Lili

邹敏
Zou Min

章为
Zhang Wei

齐靖
Qi Jing

陈娜
Chen Na

胡彪
Hu Biao

围绕形式与构成，以平面构成、立体构成为主线展开课题。

1 教学目标

学习和掌握平面构成概念，了解构成中局部与整体、局部与局部之间存在的结构关系，并认识到这种结构关系是形态构成的基础；在平面构成中按照形式美的原则对基本形（母题）进行重复、变化，并结合基本要素（点、线、面）的一定规律组合，在对基本形的调整及筛选过程中培养对形的鉴赏能力；理解平面构成的基本构成方式，培养形的感知与创造能力，以及形的抽象能力。以立体构成延续平面构成训练：立体构成是在平面构成训练和认知形式美基本原则基础上，学习运用立体思维在三维空间里组织实体形态的方法，掌握三维实体造型的规律；感知"体"的构成：研究立体空间的形态美，按照形式美的法则进行训练，开拓设计思维，锻炼对造型的感受力、直观判断力，开发潜在的思维能力；培养理性构思的方法，重视构思过程，通过骨骼线（定位线）对三维形体生成进行理性控制，掌握二维、三维形式与构成的多种转换。

2 教学进阶

2.1 形的感知与比较：从熟悉素材中提取基本形，关注基本形的比例及结构关系，在简单中求变化；对分割与组合进行尝试，体会秩序与非秩序、结构与非结构之间的差异，并寻求多方案的可能性。

2.2 形的组合与抽象：运用形式美法则进行基本形的组合与变化，加强形的比较与优化，强调抽象，确立整体结构关系并构成新形。

2.3 体的生成与变化：以平构的线、面（线的围合）为基本元素，进行平面原型生成三维立体造型的"一对多"生成与比较。

2.4 体的控制与表达：对三维形体组合进行控制并不断优化，并反馈平构的秩序与形式关系，在平构立构的不断修正中逐步完成主题的准确表达。

Centering on form and composition, the subject is carried out with plane composition and three-dimensional composition as the main line.

1 Teaching Objectives

Learn and master the concept of plane composition, understand the structural relationship between the local and the whole, and between the local and the local in the composition, and realize that this structural relationship is the basis of form composition; In the plane composition, according to the principle of formal beauty, the basic form (motif) is repeated and changed, and combined with the basic elements (point, line, surface) of a certain rule combination, in the process of adjustment and screening of the basic form to cultivate the ability to appreciate the form; Understand the basic way of plane composition, cultivate the ability of perception and creation of form, as well as the ability of abstract form. Continuing plane composition training with three-dimensional composition: On the basis of plane composition training and cognitive basic principles of formal beauty, three-dimensional composition is to learn to use three-dimensional thinking to organize solid form in three-dimensional space, and master the law of three-dimensional solid form; Perception of the composition of "body" : study the form beauty of three-dimensional space, conduct training in accordance with the principles of formal beauty, develop design thinking, exercise the sense of modeling, intuitive judgment, and develop potential thinking ability; Cultivate the method of rational conception, attach importance to the process of conception, rationally control the generation of three-dimensional form through the bone line (positioning line), and master various transformations of two-dimensional and three-dimensional form and composition.

2 Teaching Progression

2.1 Perception and comparison of form: extract basic form from familiar materials, pay attention to the proportion and structural relationship of basic form, and seek change in simplicity; Try to divide and combine, understand the difference between order and non-order, structure and non-structure, and seek the possibility of multiple schemes.

2.2 Combination and abstraction of form: use the principle of formal beauty to combine and change the basic form, strengthen the comparison and optimization of form, emphasize abstraction, establish the overall structure relationship and form a new form.

2.3 Volume generation and change: The "one to many" generation and comparison of the plane prototype generation of three-dimensional modeling are carried out with the horizontal lines and planes (the enclosing of lines) as the basic elements.

2.4 Body control and expression: control and optimize the three-dimensional body combination, feedback the order and form relationship of the configuration, and gradually complete the accurate expression of the theme in the continuous modification of the configuration.

作业题目： 平面构成
指导老师： 钟力力、邹敏、章为
学　　生： 杨清心、邓瑞萌、黑思源、廖子仪、吕润洁、葛静
　　　　　　梅莞崆、韩叙、武文忻、杨芷钰、王乐彤、于子童

Assignment Title: Plane Composition
Instructors: Zhong Lili, Zou Min, Zhang Wei
Students: Yang Qingxin, Deng Ruimeng, Hei Siyuan, Liao Ziyi, Lu Runjie, Ge Jing

Mei Wankong, Han Xu, Wu Wenxin, Yang Zhiyu, Wang Letong, Yu Zitong

1 目的
运用形态构成的基本方法，从一熟悉的素材（例如：一张优美图画、岳麓书院空间、外语公园平面等）中提取基本形（或者称之为母题），将基本形进行重复、变化，并结合形的基本要素（点、线、面）按一定规律进行组合，构成一个新的画面，使新的画面具有较强的形式美。同时训练绘图能力，加强审美感觉。

2 要求
画面主次分明，层次清晰。绘制精致，整洁干净。
可以是黑色、白色、灰色或其他淡雅色的。图框范围内也可以有色，但宜用浅灰色或灰性的彩色，此时可不画图框线，采用平涂。

3 方法
3.1 找到一熟悉素材，并尝试把握其构成基本要素与方法。
3.2 通过基本要素与构成方法的理解，提取最契合素材特征的基本形（也可称之为母题），尝试用几种不同的构成方法来组织形态，创造新形。
3.3 注意不同的形态（点、线、面）的主从关系，画面应协调统一。
3.4 先试做小稿，效果可控后适当放大并调整，绘制正图。

1 Objective
Using the basic method of morphological composition, from a familiar material (e.g. A beautiful picture, Yuelu Academy space, foreign language park plane, etc.) extract the basic form (or called the motif), repeat and change the basic form, and combine the basic elements of the form (point, line, surface) according to certain rules to form a new picture, so that the new picture has a strong formal beauty. At the same time train drawing ability, strengthen aesthetic feeling.

2 Requirements
The main and secondary picture is clear, and the hierarchy is clear. The drawing is delicate and neat.
It can be black, white, gray or any other light color. Frame range can also be colored, but appropriate with light gray or gray color, at this time, do not draw frame line，but use flat coating.

3 Methods
3.1 Find a familiar material, and try to grasp its basic elements and methods.
3.2 Through the understanding of basic elements and composition methods, the basic form (also known as the motif) that best fits the features of the material is extracted, and several different composition methods are tried to organize the form and create new forms.
3.3 Pay attention to the subordinated relationship of different forms (points, lines and planes), and the pictures should be coordinated and unified.
3.4 Try to make small drafts first, enlarge and adjust appropriately after the effect is controllable, and draw positive drawings.

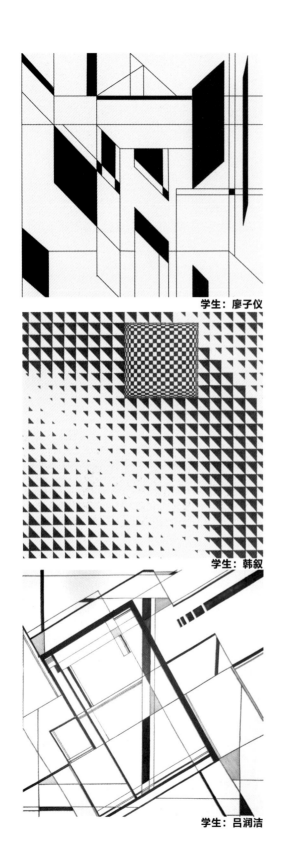

学生：廖子仪

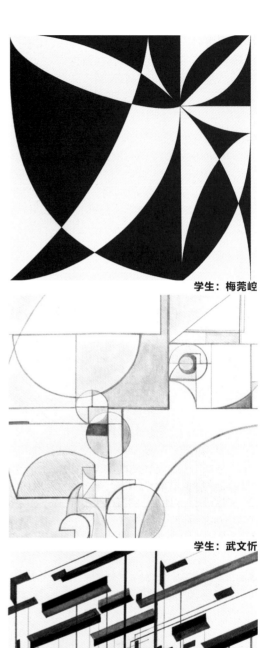

学生：梅莞崆

学生：韩叙

学生：武文忻

学生：吕润洁

学生：葛静

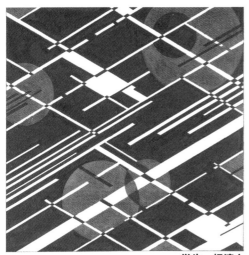

学生：杨清心

学生：王乐彤

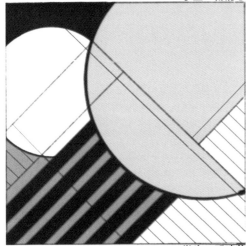

学生：邓瑞萌

学生：黑思源

学生：于子童

学生：杨芷钰

作业题目： 平构与立体的转换
指导老师： 章为、陈娜、钟力力
学　　生： 梅菀崆、李裕萱、廖子仪、杜城汐、李琦、
　　　　　　张戎、邓瑞萌、曾馨仪、王峥妍、翁启璨

Assignment Title: The Transformation Between Planar and Solid

Instructors: Zhang Wei, Chen Na, Zhong Lili

Students: Mei Wankong, Li Yuxuan, Liao Ziyi, Du Chengxi,Li Qi,

Zhang Rong, Deng Ruimeng, Zeng Xinyi ,Wang Zhengyan，Weng Qican

1 目的

掌握平面构成的基本方法，以基本要素（点、线、面）进行重复、变化等操作组合，构成一个新的整体平面，画面应具有较强的形式美，强调审美感觉与微差；同时训练绘图能力。运用正投影原理，将以点线面为主的抽象平面图转换成相应的立体模型。建立运用形态构成原理和美学原理认识建筑造型的思维方法。

2 要求

2.1 平面构成以黑白为主；整体关系协调，逻辑层次清晰；绘制精致。

2.2 把平面构成图进行立体化，并对平面特征予以恰当的空间化表达。

2.3 立体模型层次丰富，主次分明，并考虑空间形态的视觉效果。

3 方法

3.1 以线、面（线的围合）为构图基本元素，选择约15~25根线条（不包括平构平面的边线），进行构成组合，完成平面构图，图案应抽象并具有某种主题。

3.2 在 1∶1 模型（白色 PVC 板或亚克力板）中将平面中线条（不包括平构平面的边线）、面向竖向拉伸，形成面与体的关系，使之立体化。拉伸高度不一，控制在277mm 之内，与平构正图长、宽 277mm 保持一致。

3.3 围绕立构模型整体关系、逻辑层次反复推敲，并反馈和优化平面构成，最终达到二维平构与三维立构的均衡协调。

3.4 在统筹好平构与立体效果的基础上，完成好一张 A2 图，由两张 A3 黑白图组成（A3 图不需画出图框）。一张为平面构成；另一张为立体构成（模型定稿，拍成照片，选较为满意的粘贴固定，并辅以文字说明、图名）（亦可电脑排版打印）。

1 Objective

Master the basic method of plane composition, with the basic elements (point, line, surface) repeat, change and other combinations of operation, constitute a new overall plane, the picture should have a strong formal beauty, emphasize aesthetic feeling and slight difference; Also train drawing ability. Based on the principle of orthographic projection, the abstract planar graph based on point,line and surface is transformed into the corresponding three-dimensional model. Establish the thinking method of using the principle of form composition and aesthetic principle to understand the architectural modeling.

2 Requirements

2.1The plane composition is mainly black and white; The overall relationship is coordinated and the logical level is clear; The drawing is delicated.

2.2 The plane composition diagram should be three-dimensional, and the plane features should be properly spatialized.

2.3 The three-dimensional model has rich layers, distinct priorities,and takes into account the visual effect of spatial forms.

3 Methods

3.1Take lines and planes (the enclosing of lines) as the basic elements of composition, and select about 15~25 lines (excluding the edge lines of the flat plane) for composition and combination to complete the plane composition. The pattern should be abstract and have a certain theme.

3.2 In the1∶1 model (white PVC board or acrylic board), the lines in the plane (excluding the edge lines of the planar plane) are stretched vertically to form the relationship between the plane and the body, so as to make it three-dimensional. The stretching height is different and controlled within 277mm, which is consistent with the length and width of 277mm of the positive planar diagram.

3.3 Make repeated deliberation around the overall relationship and logical level of the construction model, and optimize the plane composition by feedback. Finally, the equilibrium coordination between two – dimensional and three – dimensional structures is achieved.

3.4 On the basis of the overall arrangement and stereoscopic effect, complete an A2 drawing, which is composed of two A3 black and white drawings (A3 drawing does not need to draw a frame). One for the plane; Another for three-dimensional composition (model finalized, take a photo, choose more satisfactory paste fixed, and supplemented by text description, map name) (computer typesetting and printing).

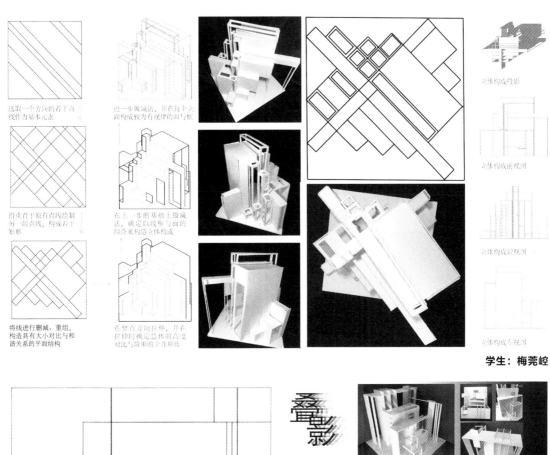

选取一个方向的若干直线作为基本元素

沿垂直于原有直线绘制另一组直线，构造若干矩形

将线进行删减、重组，构造具有大小对比与和谐关系的平面结构

进一步做减法，并在每个立面构成较为有规律的面与框

在上一步的基础上做减法，确定以线框与面的组合来构造立体构成

在竖直方向拉伸，并在控制时确定总体的高度对比与阶形的上凸形状

立体构成投影

立体构成前视图

立体构成后视图

立体构成左视图

学生：梅莞峻

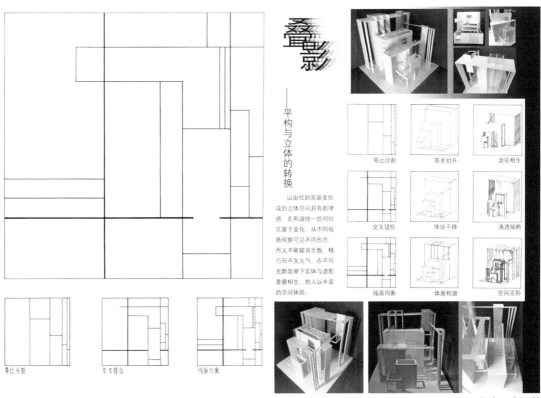

叠影

——平构与立体的转换

以由低到高渐变形成的立体空间具有韵律感，在和谐统一的同时又富于变化，从不同视角观察可见不同形态，而又不能窥其全貌，精巧而不失大气，在不同光影效果下实体与虚影重叠相生，给人以丰富的空间体验。

等比分割　　等差拾升　　虚实相生

交叉错位　　体块平移　　通透隔断

线面均衡　　体面和谐　　空间完形

等比分割　　交叉错位　　线面均衡

学生：李裕萱

7

学生：李琦

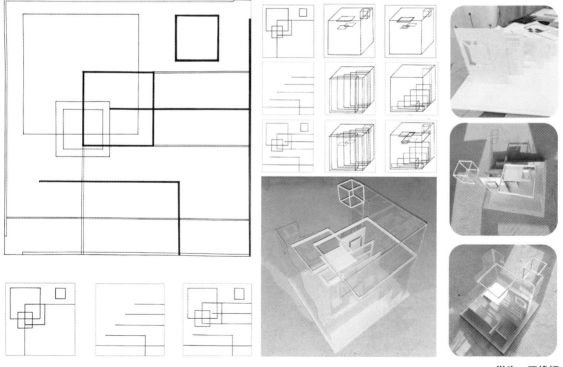

学生：王峥妍

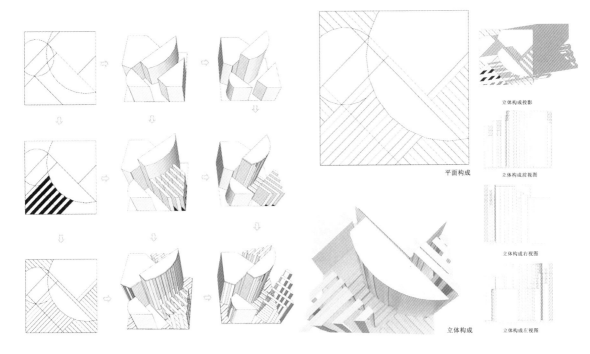

立体构成投影

平面构成

立体构成前视图

立体构成右视图

立体构成

立体构成左视图

学生：邓瑞萌

学生：张戎

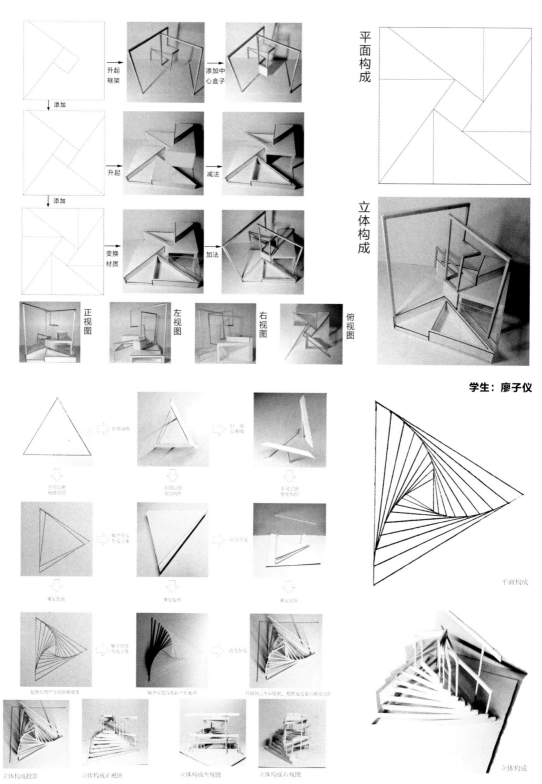

升起框架　添加中心盒子

添加

升起　减法

添加

变换材质　加法

正视图　左视图　右视图　俯视图

平面构成

立体构成

学生：廖子仪

平面构成

立体构成投影　立体构成正视图　立体构成左视图　立体构成右视图

立体构成

学生：杜城汐

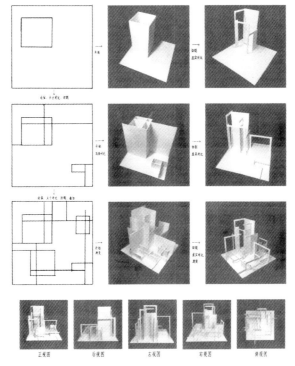

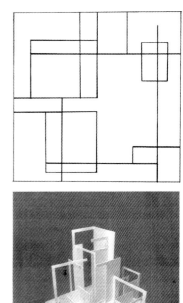

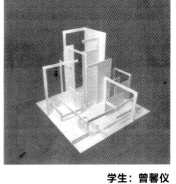

正视图　　右视图　　左视图　　右视图　　俯视图

学生：曾馨仪

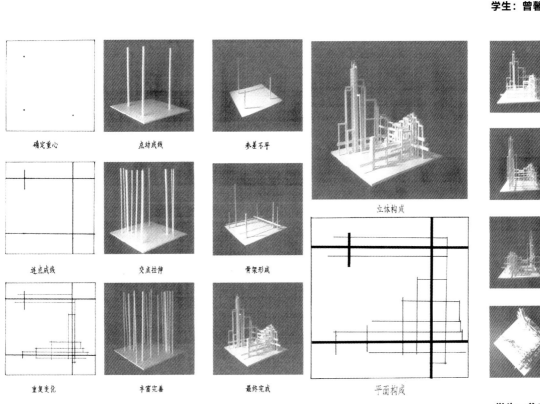

确定重心　　　　点动成线　　　　参差不平

连点成线　　　　交点拉伸　　　　骨架形成

重复变化　　　　丰富完善　　　　最终完成

立体构成

平面构成

学生：翁启璨

11

专题二：空间与设计——空间基础模块
Topic 2: Space and Design—Space Basic Module

开课学期：大一春季学期

Semester: Spring semester of first grade

2-1 七个盒子
Seven Boxes

2-2 空间折叠 —— 从文本到空间构成
Space FoldingI — From Text to Space Composition

2-3 4×3×2 空间构成
4X3X2 Space Composition

教师团队

Teacher team

| 钟力力 | 邹敏 | 章为 |
| Zhong Lili | Zou Min | Zhang Wei |

| 齐靖 | 陈娜 | 胡骉 |
| Qi Jing | Chen Na | Hu Biao |

以空间为核心，按单元空间、组合空间、动态空间等不同类型空间构成展开课题。

1 教学目标

初步理解基本空间概念：建立空间、主次空间、流动空间、开放空间等现代空间意识，了解空间的类型、限定、转换等多重特征。巩固从平面构成、立体构成学到的形式美基本原则，基本形、骨骼线等形态基本构成原理与方法，学习在三维空间里通过点、线、面等元素来限定空间，掌握创造空间的基本手法：限定法（分割、围合、抬起、下沉等）和体积法（消减、抽出、错位、虚实转换等）。通过模型操作来创造空间，感受空间的组合变化；体会空间中界面、围合、透视、轴线、序列、光线、尺度等对空间的影响；熟悉块体消减或组合、虚实转换、空间限定等基本手法创造不同空间形态的无限可能性；认识整体与局部空间、主次空间等多种关系，培养对空间形态美的感受与把握能力。

2 教学进阶

2.1 空间的组合与序列：在给定的场地内要求完成一组序列变化空间，空间尺寸是 3mx3mx3m，空间间距为 1m 的一组（7 个盒子），空间的演变要根据序列体现空间的连续和逻辑性，空间整体逻辑应采取统一的形式语言。单个盒子可视为一种"围合体"空间，使用"体积法"，感受其尺度及与人的关系。而 7 个盒子整体则作为一种"连续体"，反映出单元空间的形式、序列的渐变逻辑，呈现空间内外的连续和无限延伸。

2.2 空间的主题与秩序：从个人经历、阅读、概念等事物认知体验出发，以所见、所闻、所想进行空间构思。如阅读短篇科幻小说《折叠北京》，理解小说中与空间相关的描述，通过想象与感知提取出个人感受的形态与空间关系，以秩序和逻辑引导建立空间主题，通过形态操作组织空间关系，形成统一中有变化的空间构成整体。

2.3 空间的限定与变化：采用工作模型与草图辅助构思单元空间，在长（8m）x高（6m）x宽（4m）、比例为 4：3：2 的空间范围内，使用"限定法"设计，分割、围合、抬高、下沉、顶盖等空间限定手法；以纯概念的面分隔限定空间，理解模数、比例等概念，关注空间及实体的形态、层次、虚实、对比等，形成主次空间、流动空间、开放空间及其他丰富空间的关系。

Taking space as the core, the subject is carried out according to different types of space, such as unit space, composite space, dynamic space and so on.

1. Teaching Objectives

Preliminarily understand the basic concept of space: establish modern space consciousness such as space, primary and secondary space, mobile space and open space, and understand the multiple characteristics of space such as type, limitation and transformation. Consolidate the basic principles of formal beauty learned from plane composition and three-dimensional composition, and the basic composition principles and methods of basic shape, skeleton line and other forms, learn to limit space through points, lines, surfaces and other elements in three-dimensional space, and master the basic techniques of creating space: limit method (segmentation, enclosure, lifting, sinking, etc.) and volume method (reduction, extraction, dislocation,virtual-real conversion,etc.). Create space through model operation and feel the combination and change of space; Experience the influence of interface, enclosure, perspective, axis, sequence, light and scale on space; Be familiar with the basic techniques of mass reduction or combination, virtual real transformation, space limitation and so on, and create infinite possibilities of different space forms; Understand the relationships between the whole and local space, primary and secondary space, and cultivate the ability to feel and grasp the beauty of space form.

2 Advanced Teaching

2.1 Space combination and sequence: a group of sequence change spaces (7 boxes) with space size of 3mx3mx3m and space distance of 1m shall be completed in a given site. The evolution of space shall reflect the continuity and logic of space according to the sequence, and the overall logic of space shall adopt a unified formal language. A single box can be regarded as an "enclosure" space. Use the "volume method" to feel its scale and relationship with people. The seven boxes as a whole, as a "continuum", reflect the gradual logic of the form and sequence of unit space, showing the continuous and infinite extension inside and outside the space.

2.2 Theme and order of space: starting from personal experience, reading, concept and other cognitive experience, space conception is based on what we see, hear and think. For example, read the short science fiction novel *Folding Beijing*, understand the description related to space in the novel, extract the form and spatial relationship of personal feelings through imagination and perception, establish the spatial theme under the guidance of order and logic, organize the spatial relationship through morphological operation, and form a unified and changing space as a whole.

2.3 Space limitation and change: the working model and sketch are used to assist in conceiving the unit space. In the space with the ratio of 4：3：2 [length (8m) x height (6m) x width (4m)], the "limitation method" design is used to divide, enclose, raise, sink, top cover and other space limitation methods; Space is separated by pure conceptual plane, understand concepts such as modulus and proportion, pay attention to the form, level, virtual reality and contrast of space and entity, and form primary and secondary space, flow space, open space and other rich spatial relationships.

作业题目： 七个盒子
指导老师： 钟力力、陈娜
学　　生： 王悦鑫、李裕萱、倪至琦、李弋辰、周强、陶晓琪

Assignment Title: Seven Boxes

Instructors: Zhong Lili,Chen Na

Students: Wang Yuexin, Li Yuxuan, Ni Zhiqi, Li Yichen, Zhou Qiang, Tao Xiaoqi

1 目的
1.1 空间作为一种"围合体""容积设计"。
1.2 空间作为一种"连续体"，空间室内外的连续和无限延伸。
1.3 空间作为一种"身体的延伸"。

2 内容与要求
在给定的场地内要求完成一组序列变化空间，其中空间的尺寸是 3mx3mx3m，空间间距为 1m 的一组（7 个）建筑小单体，空间的演变要根据序列的呈现体现空间的连续和逻辑性，要求演变的逻辑始终是一种形式语言，而且每个单体的 6 个面都要兼顾统一。上述 7 个单体要保持直行列，允许自体旋转或倾斜（左右上下 1 m 内），假定以展示为功能空间，不作更多功能上的具体要求，重点放在空间变化和单体相互之间以及外部场地的联系上。空间演变的形式，可以是从实体到透明的空间、平面的拆分、空间体积的变化、单体角度和位置的变化，等等。

3 步骤
3.1 平面 - 空间序列构成。确定连续变化（渐变）的方式和逻辑，每个单体的 6 个面和 7 个单体相互之间都要考虑兼顾统一。
3.2 展示功能植入，功能只要考虑观看方式和参观路径（起点 - 过程 - 终点）；考虑功能如何与 7 个单体合理结合。

1 Purpose
1.1 Space as a kind of "enclosure" and "volume design".
1.2 As a kind of "continuum", space is continuous and infinite extension inside and outside.
1.3 Space as an "extension of the body".

2 Content and Requirements
In a given site, it is required to complete a set of sequence change space, in which the size of the space is 3mx3mx3m and the space distance is 1m, a group of 7 small buildings (monomeric), the evolution of space should reflect the continuity and logic of space according to the presentation of the sequence. The logic of evolution is always a formal language, and the six facets of each monomer should be unified. The above 7 monomers should be kept straight and allowed to rotate or tilt themselves (within 1 meter of left and right). It is assumed that the display space is a functional space, and no more specific requirements on functions are made. Emphasis is placed on the spatial variation and the connection between the monomers and the external site. The form of spatial evolution can be from entity to transparent space, the separation of plane, the change of space volume, the change of angle and position of monomer and so on.

3 Steps
3.1 Plane-space sequence composition. Determine the method and logic of continuous change (gradients) so that the six faces of each monomer and the seven monomers are considered unified with each other.
3.2 Display function implantation, the function should only consider the viewing mode and visiting path (starting point - process - end point); Consider how functions fit into the seven monomers.

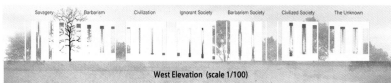

| Savagery | Barbarism | Civilization | Ignorant Society | Barbarism Society | Civilized Society | The Unknown |

West Elevation (scale 1/100)

"七个盒子"
空间构成

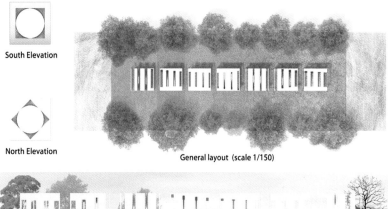

South Elevation

North Elevation

General layout (scale 1/150)

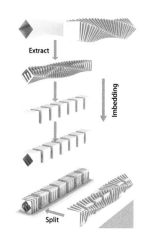

Extract

Imbedding

Split

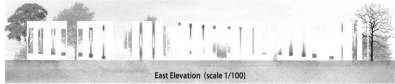

East Elevation (scale 1/100)

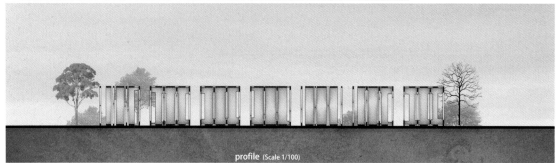

profile (Scale 1/100)

学生：李弋辰

16

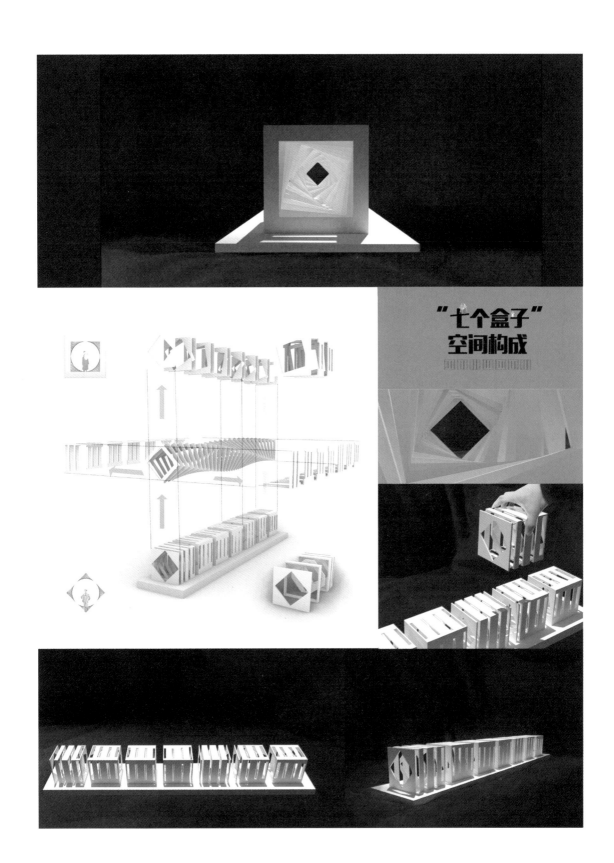

"七个盒子"
空间构成

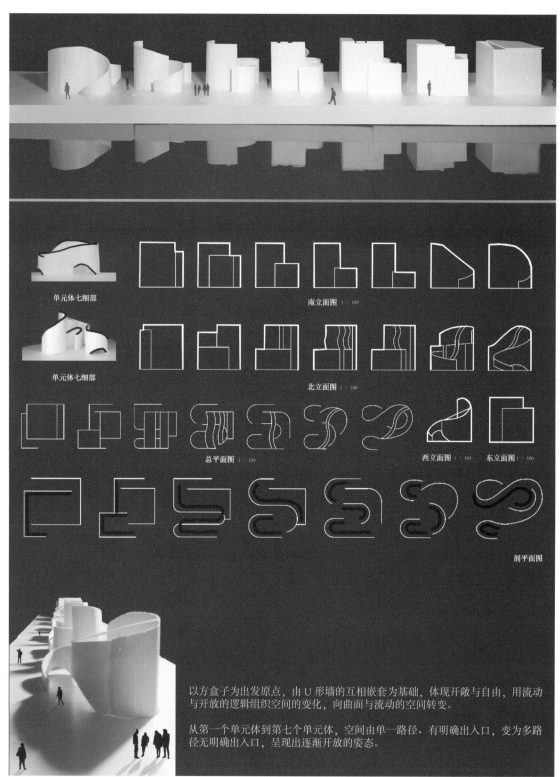

单元体七细部

单元体七细部

南立面图 1：100

北立面图 1：100

总平面图 1：100

西立面图 1：100   东立面图 1：100

剖平面图

以方盒子为出发原点，由 U 形墙的互相嵌套为基础，体现开敞与自由，用流动与开放的逻辑组织空间的变化，向曲面与流动的空间转变。

从第一个单元体到第七个单元体，空间由单一路径、有明确出入口，变为多路径无明确出入口，呈现出逐渐开放的姿态。

学生：倪至琦

空间构成——七个盒子
Spatial Composition of Seven Boxes
空间-形式-序列

构成思路与逻辑解析

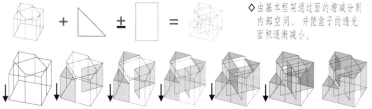

◇ 由基本框架通过面的增减分割内部空间，并使盒子的透光面积逐渐减小。

◇ 顶部的面逐渐增加，每次增加只变动对应的底座斜对角线上的面及外部的面。
◇ 盒子一个角的下落，使内部空间增加高低差，从而增加内部空间复杂性。

平立剖面图

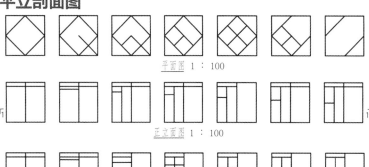

平面图 1：100

正立面图 1：100

背立面图 1：100

1—1剖面图 1：100

流线分析

实体照片

空间感受

学生：陶晓琪

01 空间构成-七个盒子

随着每个面的位置和面积变化，空间闭合程度逐渐加强，同时从不同的方向观察，总体虚空间逐渐南侧转移到北侧、西侧转移到东侧、下侧转移到上侧，实现了实虚空间的转换和空间的流动，给人丰富的空间体验。

概念来源

"盒子流动的纸条"
体现所弯可变的纸条切正方体盒子的边和面连续运动过程。纸条作为围面合出空间，体现出连续的序列变化。

形体生成

从最初的概念出发，形似折纸的面围合出来基本空间。流动作为变化逻辑，同时伴随各个面的面积和位置改变。顶面的围合方式、底面和侧面的围合拾升，不同方向的围面各自按规律的变化以及空间的开放程度都体现形式、空间·序列的渐变逻辑。

变化逻辑

顶部视角围合面的转动
面的抬升、扩展
面的平移、收缩
面的变化引起孔洞的变化

水平方向顶面的位置、形状和围合方式的变化引起起落空间形式和围合程度的变化，总体围合程度增加。下半部分虚空间从南侧向北侧的流动。

总平面图

横剖面图

01 02 03 04 05 06 07

02 空间构成-七个盒子

整体轴测

空间的分隔和相互渗透
上下错层的围面合出别样的起居空间

视线穿透带来独特空间体验
光影效果

两个方向实体与虚体的转换

西侧透视图

东侧透视图

纵剖面图1 纵剖面图2

随着面的抬升，虚空间逐渐从上侧转移到下侧；随着面的移动，实体部分逐渐由西周向中间聚拢，同时有重心的改变。

模型单体展示

01 02 03 04 05 06 07

北立面图

东立面图

自西侧向东侧向空间逐渐从上部转移到下部。北立面图孔洞逐渐消失。

西立面图

立面随着面的总体面积扩展，围合程度呈现增加趋势。

南立面图

学生：王悦鑫

21

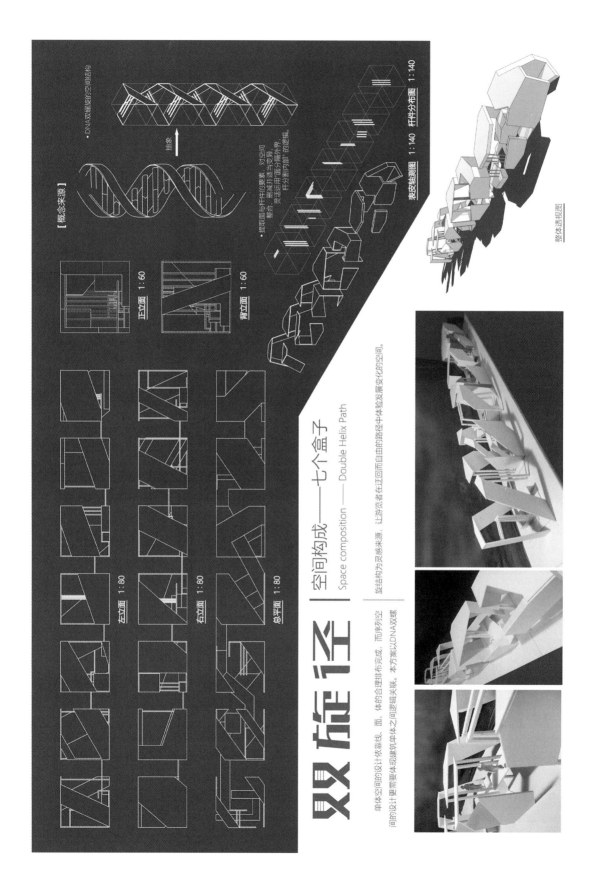

[概念来源]

• DNA双螺旋的空间结构

抽象

• 提取面与杆件的要素，对空间整合、增减井适当选取异杯分割内部"的逻辑。

正立面 1:60

背立面 1:60

右立面 1:80

左立面 1:80

总平面 1:80

麦皮轴测图 1:140　杆件分布图 1:140

整体透视图

双旋径 | 空间构成——七个盒子

Space composition —— Double Helix Path

旋结构为灵感来源，让游览者在迂回而自由的路径中体验发展变化的空间。

单体空间的设计依靠线、面、体的合理排布完成，而序列空间的设计更需要要体现建构单体之间逻辑关联。本方案以DNA双螺旋排序。

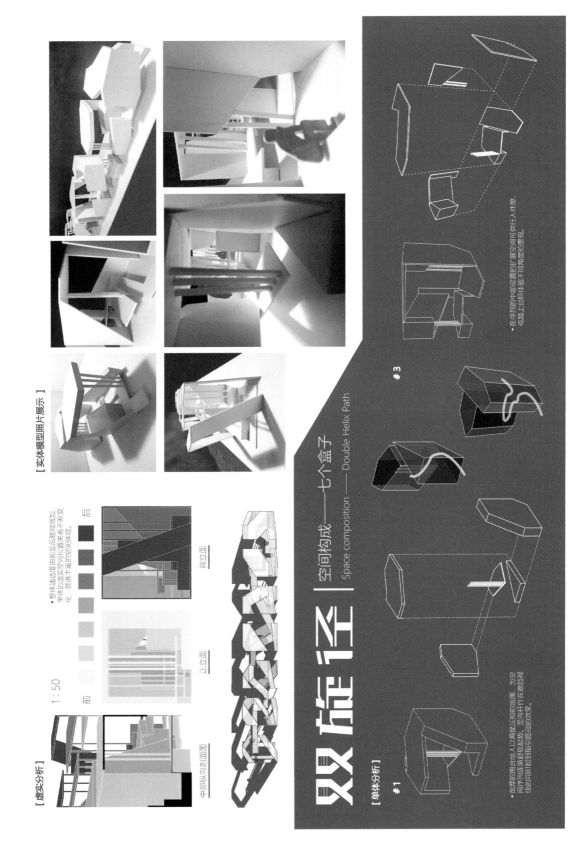

[实体模型照片展示]

[虚实分析]

后

背立面

正立面

1：50

前

中部从纵向剖面图

● 整体通透度由前后后略微增加，单体的虚实空间位置置关系不断变化，营造丰富的空间体验。

双旋径 | 空间构成——七个盒子

Space composition —— Double Helix Path

[单体分析]

#1

#3

● 密集的围合令人以局促又压抑的氛围，为空间序列添添新舒展起势，悠向行件在循图忽视绕的同时引起到引起行循路径的效果。

● 在序列的中部设置放的拓展空间可供人中行人休憩，或驻足上的体验不同角度的景观。

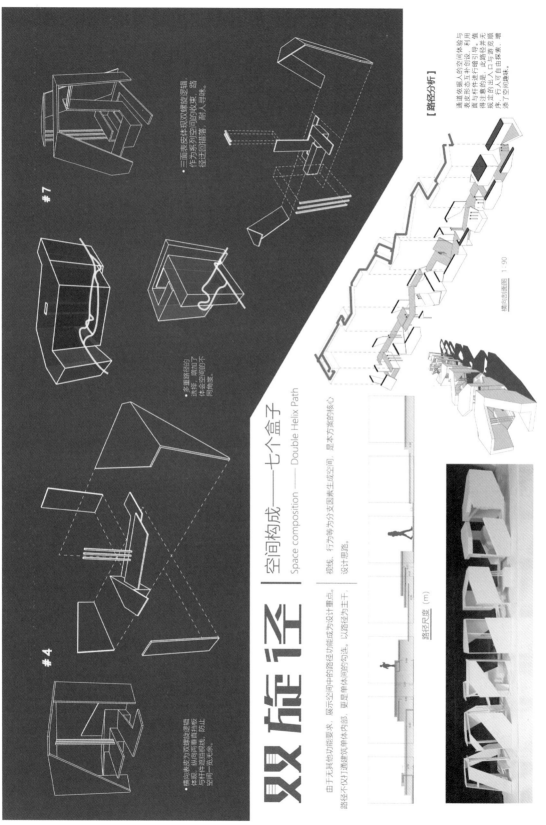

双旋径

空间构成——七个盒子
Space composition —— Double Helix Path

由于无其他功能要求，展示空间中的路径功能成为设计重点。路径不仅打通建筑单体内部，更是单体间的勾连。以路径为主干，纵线、行为等为分支因素生成空间，是设计思路。

#7

• 三面表皮体现双螺旋逻辑，作为系列空间的收束，路径迂回增添了耐人寻味。

• 多重路径在的选择，增加了体会空间的不同角度。

#4

• 横向表皮为双螺旋盒逻辑体现，纵向两侧竖直档板与杆件垂挂视线，防止空间一览无余。

[路径分析]

路径尺度 (m)

纵向剖面图 1:90

通道依据人的空间体验与表皮形态互相补构设，利用表皮形态与行进行暗引导。此路径径并无规定的出入口，此路径径并无规定的出入口，行人可自由游览顺序，行人可自由探索，增添了空间趣味。

24

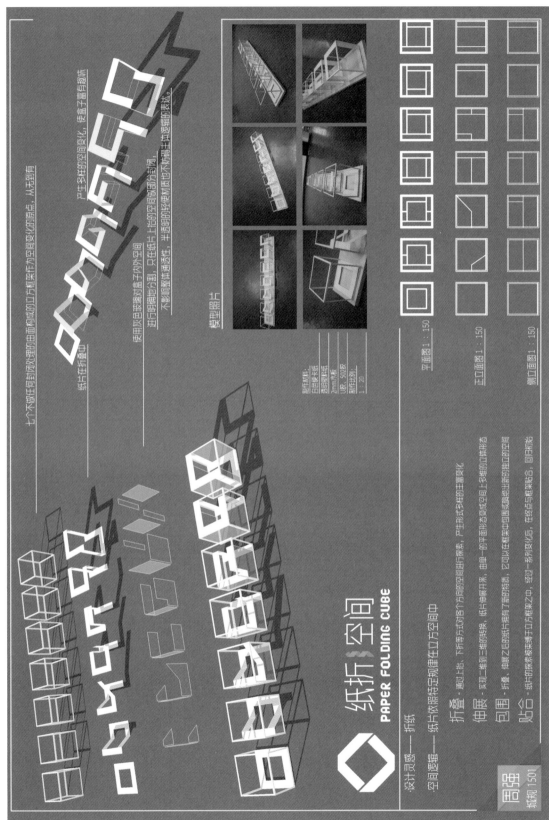

纸折 空间
PAPER FOLDING CUBE

周强
城规 1501

设计灵感——折纸

空间逻辑——纸片依照特定规律在立方空间中

折叠 · 通过上指、下降等方式对每个方向的空间进行调整，产生形式多样的主富变化

伸展 · 实现二维到三维的转换，纸片伸展开来，由单一的平面形态变成双成立多维的立体形态

包围 · 折叠、伸展之后的纸片拥有了新的特征，它可以在框架中围成或是围出新的独立的空间

贴合 · 纸片的弯形系统博于立方框架之中，经过一系列折叠变化后，在终与框架贴合，回归初始

制作材料：
白色卡纸
透明胶片纸
2mm木板
U形: 502胶
制作比例：
1:20

平面图 1:150

正立面图 1:150

侧立面图 1:150

模型照片

使用灰色玻璃对盒子内外空间进行阴阳明暗的分割，只在纸片上指的空间加强部分封闭。不影响整体通透性，半透明的经质材质也不妨碍主体逻辑的表达。

纸片在折叠中

七个盒子从可开闭处理到内围构的田围构成的立方框架作为空间变化的原点，从无到有

产生多样的空间变化，使盒子富有趣味

教案题目： 空间折叠——从文本到空间构成
教案编写： 钟力力、齐靖、邹敏、章为、陈娜

Lesson Plan Topic: Space Folding—From Text to Space Composition
Lesson Plan Compilation: Zhong Lili, Qi Jing, Zou Min, Zhang Wei, Chen Na

1 教学目标

1.1 空间作为一种"围合体""容积设计"。

1.2 空间作为一种"连续体"，空间室内外的连续和无限延伸。

1.3 空间作为一种"身体的延伸"。

2 教学方法

2.1 空间折叠专注于空间理解与形式操作，将概念与二维的平面空间转化成三维的立体空间设计。将平面空间折叠，能够让学生对平面与立体空间思维进行较好的融合与变换，让学生脱离平时的单一维度空间设计，提升他们的空间几何想象力。同时，着重训练学生的空间提炼与归纳能力，将发散的几何空间整理归纳成一种空间要素形态，例如胡同空间与胶囊空间，让学生进一步理解城市、建筑与人的相互关系。

2.2 课题的教学方法因循"设计"思维逻辑来梳理和组织，在秩序和逻辑的引导下设计一种空间关系，比如：在网格引导下设计空间的开合、对比、渐变、穿插、反转、交叉、延展等，引发对空间、环境、活动等问题的观察分析和思考，激励学生善于观察、研究并创造性、理性地提出解决问题的策略和方法。

2.3 课题鼓励对空间、材料与模型关系的相互理解与操作。以往传统建筑基础教学以构成训练为主，关注形式审美和建筑表达技能的培养。学生对空间的深入分析与解剖较少，对空间的突破与变形较为保守。本课题的表现环节通过借助网格用点、线、面将设计的过程整理成由文字－图形－形态的逻辑转换过程，将平面空间折叠成立体空间，树立以认知与体验为核心的空间观念，进一步掌握具有可操作性的建筑设计方法，在设计深度上能体验到真实的建造过程。

2.4 课题强调设计的广度，要求学生综合运用设计原理、环境心理学、行为心理学、人体工程学等相关理论知识，尝试并初步了解建筑材料、结构与构造的基本概念。鼓励学生关注建筑学的前沿理论和交叉学科，培养学生的动手与实际操作能力。

1 Teaching Objectives

1.1 Space as a kind of "enclosure" and "volume design".

1.2 As a kind of "continuum", space is continuous and infinite extension inside and outside.

1.3 Space as an "extension of the body".

2 Teaching Methods

2.1 Space folding focuses on space understanding and formal operation, transforming concepts and two-dimensional plane space into three-dimensional space design. Folding the plane space can enable students to better integrate and transform the plane and three-dimensional space thinking, let students get away from the usual single dimensional space design, and improve their spatial geometry imagination. At the same time, it focuses on training students' ability of spatial extraction and generalization, and organizes the diverging geometric space into a form of spatial elements, such as hutong space and capsule space, so that students can further understand the relationship between city, architecture and people.

2.2 The teaching method of the subject follows the thinking logic of "design" to sort out and organize, and design a spatial relationship under the guidance of order and logic, such as: under the guidance of grid design space opening and closing, contrast, gradual change, interpenetration, inversion, crossover, extension and so on, trigger the observation, analysis and thinking of space, environment, activities and other problems, encourage students to be good at observation, research and putting forward strategies and methods creatively and rationally to solve the problem.

2.3 The project encourages the mutual understanding and operation of the relationship between space, material and model. In the past, the traditional basic teaching of architecture mainly focuses on composition training, and pays attention to the cultivation of formal aesthetics and architectural expression skills. Students have less in-depth analysis and dissection of space, and are more conservative in the breakthrough and deformation of space. This topic of the performance through the grid with a dot, line, face design into the process from text - graphics - logic conversion process, in the form of space fold into three-dimensional space on the plane, sets up the cognition and experience as the core concept of space, further grasp the operable method of architectural design in the design depth can experience the real construction process.

2.4 The project emphasizes the breadth of design, requiring students to comprehensively use design principles, environmental psychology, behavioral psychology, ergonomics and other relevant theoretical knowledge to try and preliminary understand the basic concepts of building materials, structure and construction. Encourage students to pay attention to the cutting-edge theories and interdisciplinary disciplines of architecture, and cultivate students' hands-on and practical operation ability.

课程体系

一年级教学构架

设计基础教学以空间认知和设计为核心，设置了表达基础、形式基础、空间基础、场所认知基础、建构基础五个教学模块，每个模块配套相应的设计细目，并引入"设计性"思维，以期训练学生基本技能，提高空间认知，培养综合设计能力。

五大教学模块之间形成有机联系的整体，以空间认识为导向，以空间设计训练为主线，按照教学序交叉实现学生在平面和空间上的表达能力和逻辑性与学生的专业空间认知规律一致，也符合设计思维培养的诉求。并且不局限于一年级的教学视角来着待模块的设置，而将其放在各年级整体的教学体系中来研究。

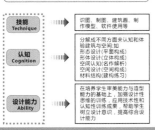

技能 Technique	▶▶▶	识图、制图、建筑画、制作模型、软件使用等
认知 Cognition	▶▶▶	分解不同方面来认识和体验建筑与空间；如形态设计（平面构成）形体设计（立体构成）空间认知（名作解析）材料结构（建构练习）
设计能力 Ability	▶▶▶	在培养学生审美能力与造型能力的基础上，加强设计性思维的训练，应用技术性和认知训练成果，帮助学生树立设计意识，提高综合设计能力

设计思维训练与设计基本素质培养

建筑设计基础	表达基础模块	抄绘练习、美术字、建筑制图、建筑画	第一学期
	形式基础模块	形态构成与设计：平面设计、立体设计	
	空间基础模块	名作解析、空间认知、模型图解、空间构成	
	场所认知模块	场所分析与体验：基地调研、实例分析	第二学期
	建构基础模块	模型材料分析与轻质建造	

| 认识规律 |
| 表达技能 | ◀━▮▮▮▮▮▮▮▮▮▮▮▮▮▮━▶ | 建筑与空间 |
| 设计能力 |

空间认知训练	尺度认知（建筑抄绘与平面布置）	一年级
	经典建筑作品分析（名作解析）	
	场所与空间认知（城市与建筑空间阅读）	
空间设计训练	简单空间训练（空间构成的分割与限定）	
	空间生成训练（图解表达与轻质建构）	
	复杂空间设计训练（单元空间与空间组合）	二年级上

教学框架

教学背景

本课程是建筑学一年级《设计基础》课程下学期的第二个设计课题，时长5周，总课时30学时。教学在建筑尺度认知、城市空间动分析的基础上，尝试通过文体阅读、空间图解、分析构成法来认知与理解空间与设计本身。讲授建筑与空间的相关理论知识，注重结合经典的现代主义"九宫格""结构主义""特拉尼居斯主义"等。在教学过程中强调循"设计"的思维逻辑，使学生的空间设计思维得以建构和发展，并为之后的建筑设计课题奠定专业认知和综合能力的基础。

同时组织和串联起一、二年级的设计课程联系，这同时也是一年级"空间从认知到设计"系列教学单元的训练重点，是建空位基于学生的纵向尺度设置，引导学生由设计基础课程前期模块中开列的广度认知过渡到建筑设计课程中线性的有深度的思考。

教学目的

1. 阅读《北京折叠》，着重理解空间的整体性与内在性，以及形态的操作与转化、归纳和掌握空间形式语言，认知建筑、城市的空间形态本身，尝试空间的分割与限定方式，图解表达空间与界面的丰富特征。
2. 学会将概念与空间进行提炼，尝试"把要素打碎进行重新组合"的创作方法。
3. 掌握以模型为主的设计手段，鼓励以模型为直观手段促进设计思路发展。理解材料的受力关系、节点交接和美学效果，体验模型与材料加工。
4. 强调原型与构成，通过"阅读-空间-图解"来构成，鼓励直觉思维与发散性思维。

教学方法

1. 空间折叠专注于空间理解与形式操作，将概念与二维的空间转化成三维的立体空间设计，将平面空间折叠，能够让学生对平面与立体空间思维进行较好的融合与变换，使学生脱离平时的单一维度空间认识，提升他们的空间几何想象力。同时，着重训练学生的空间提炼与归纳能力，将发散的几何空间整理归纳成一种空间要素形态，例如将问题空间提炼归纳，胡同空间和胶囊空间提炼成较小的体块，让学生进一步理解城市、空间与建筑。
2. 课题的教学方法强调循"设计"思维逻辑来梳理和组织，在秩序和逻辑的引导下导出一种空间关系，比如：在网格引导下设计空间的开合、对比、渐变、穿插、反转、交叉、延展等，引发对空间、环境、活动等问题的观察分析和思考，激发学生善于观察、研究并创造理性、理性地提出解决问题的策略和方法。
3. 课题鼓励对空间、材料与模型关系的相互理解与操作，以传统建筑基础教学以构成训练为主，注重形式审美和建筑表达技能的培养，学生对空间的深入分析和解剖较少，对空间的突破与变形较为有限，本课题的表现环节通过借助网格用点、线、面将设计的过程整理成由文字-图形-形态的逻辑结构转化，将平面空间折叠成立体空间，引导学生从形态突破与变形，进一步掌握具有可操作性的建筑空间方法，进一步掌握空间关系和进行空间深度上体验的真实的趣味设计。
4. 课题强调设计的广度，要求学生合运用设计原理、环境心理学、行为心理学、人体工学等理论知识，尝试初步了解建筑材料、结构与构造的基本概念，鼓励学生关注理论与实际操作的前沿理论和交叉学科，培养学生的动手与实际操作能力。

《北京折叠》是郝景芳在2012年完成的、可像"变形金刚般折叠起的城市"，却又"具有更为冷峻的现实感"。《看不见的城市》分门别对不同人群，郝景芳把城市的空间折叠成三个不同的空间，第一空间是权力管理者的，在可以折叠的北京里，第二空间是中产白领，第一空间则是处于底层的工人。在书中构建了一个不同空间。分别承载着不同的人群，第三空间居住着工人，第二空间是中产白领，第一空间则是处于底层的工人。在书中构建了一个不同空间。

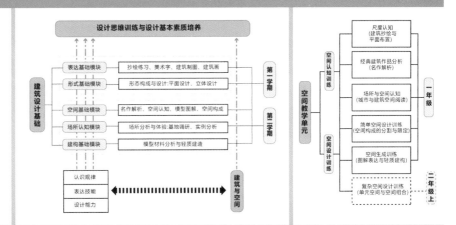

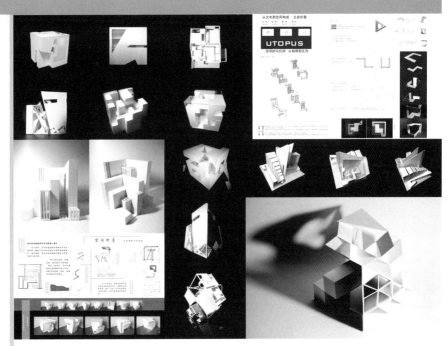

设计任务书

设计内容

设计构思需要一个概念来源，概念来自设计者对事物的认知，如"所见""所闻""所想"。阅读一本小说，着重理解小说中对于空间相关的描述，通过想象与感知提取出一种来自己种感受的形态与空间关系，运用空间构成的知识完成一个空间构成。

设计要求

一、做法与步骤
1. 阅读与感悟：阅读短篇科幻小说《北京折叠》并把文中关于"空间"与"折叠"的描述，以自己体会最深的部分（句子、段落、章节均可）写一篇读后感，字数不宜超过1000字；
2. 转化与归纳
• 着重理解小说中对空间的描述，然后转化为3种以内的基本形。比如：将某种空间描述归纳成一种空间形态要素，胡同空间，胶囊空间提炼成较小的体块；
• 在秩序和逻辑的引导下设计一种空间关系，比如：在网格引导下设计空间的开合、对比、渐变、穿插、反转、交叉、延展等。
• 以小组讨论的工作形式进行优化修改，之后每人做一个方案，并做PPT汇报。
3. 图解与表现：运用3-4张简图，借助网格用点、线、面将设计的过程整理成文字-图形-形态的逻辑过程，用个数少于20个体块在20mmX30mmX30mm或者30mmX30mmX30mm大小范围内，完成一个空间构成，表现出构思的空间构成。

二、时间与安排（1-5周）
第一周	星期一	布置讲解题目	星期四	阅读小说
第二周	星期一	写读后感，分小组讨论，人数自定	星期四	整理想法，绘制简图，PPT
第三周	星期一	分组汇报PPT	星期四	制作方案草图、草模
第四周	星期一	讨论修改草模	星期四	模型拍照
第五周	星期一	正图绘制、排版	星期四	交纸质版作业

三、成果要求
1. 文字部分：读后感、简要构思想，可结合其他艺术表达方式（手绘草图、水彩图、空间意象等）。设计构思和概念的逻辑与设计过程完整连续的阐释。
2. 分析图部分：设计过程草图、草模（手做）等及分析图，应注意线型分明准确，图纸表达正确，表达清晰。
3. 模型部分：各向空间模型（手做）照片，不少于8张。精度300dpi。
4. 图纸采用2#图幅（597x420），不少于2张，图面布图整洁、均衡、美观。

课程衔接

1.横向课程衔接

"空间折叠"课题有效地整合了"设计概论""设计基础"和"模型制作实践"三门平行课程。一方面,"设计概论"较系统地讲授了设计原理与空间理论的内容;另一方面,"模型制作实践"则学习了模型制作、空间组合、处理材料等。"空间折叠"课题以"阅读—空间—图解"打通了两者的教学环节,围绕着"设计基础"以空间认知和训练的教学主线,将理论知识、空间认知与训练内容及模型制作有效结合,从而加强了学生综合能力的培养。

2.纵向课程衔接

前一个作业:名作解析

"空间折叠"是一年级"空间认知与设计"系列教学单元的训练重点,之前的作业为一年级下学期的名作解析,通过对已知空间的认知体验以及已建成的轻质建筑解析,使学生初步了解并掌握基本的空间认知方法和步骤,培养学生独立思考、分析问题的能力及良好的空间构形、立体造型能力并对几何形态、构成关系、空间用光、与环境的对话、对材料的理解与应用、交通与路径、场所与空间等多方面认识设计,为空间折叠打下基础。

后一个作业:轻质建构

本课题之后是一年级最后一个课题"轻质建构",在空间折叠的训练中,学生对空间的构成、转换以及提炼都有了一定的认知、思考和实践。在建构的设计上,学生进一步帮助学生在模型制作实践中认知空间,在原有的空间训练教学主线上展现成为包含场所、空间、材料、建构的综合设计基础知识系统。可看作二年级的小型建筑设计课题的分解和准备动作。

教学过程

第一阶段:阅读与感悟(1周,6学时)

教学内容	老师开题讲授:布置设计题目,讲解任务书,讲解与课题相关的设计原理知识,分析典型案例,推荐参考书目。 学生阅读书目:阅读短篇科幻小说《北京折叠》并思考文中关于"空间"与"折叠"的描述,以自己体会最深的部分(句子、段落、章节均可)写一篇读后感,字数不宜超过1000字。
教学方法	课堂讲授、汇报讨论。
阶段成果	读书报告、案例分析。

第二阶段:转化与归悟(1.5周,9学时)

教学内容	教师启发特导:在教学中启发学生根据小说内容形成空间意象和主题。在学生进行概念构思时,鼓励他们从设计相关领域(如美术作品、平面设计、工业设计等)拓展学习,收集相关资料,寻找设计灵感。 学生概念生成:经过头脑风暴,学生将小说中对空间的描述转化为概念、原型或基本型,以小组讨论的工作方式进行优化修改,之后没入空间组合、形体操作等试做方案,并做PPT汇报,表述初步设计构思,对设计草图和模型不求美化处理,但求记录思维脉络,鼓励学生的尝试和失误,在限制中寻找突破点,并激发其思维的生长性和创造性。
教学方法	头脑风暴、模型构想、方案优选。
阶段成果	PPT汇报、概念模型。

第三阶段:图解与表现(1.5周,9学时)

教学内容	教师讲授指导:结合讲座讲授空间构相关原理,分析空间构成的内在逻辑及秩序,介绍空间基本类型、要素与空间的关系等。在课程设计指导环节,更多采用引导式的教学手法,尊重学生的尝试和试验,挖掘和激发学生的创造力并重点放在概念的表达与空间的趣味性。 学生搭建及制图:学生尝试计算机辅助制图,模拟光影,搭建体块在20mm×30mm×30mm或者30mm×30mm×30mm大小范围内的空间,表现出构想的空间形态,并重点表达小说的空间逻辑关系,并制作分析简图。
教学方法	引导式教学、计算机辅助设计。

第四阶段:讲解与对比(1周,6学时)

教学内容	组织学生进行实体模型集中展览和方案汇报,邀请多专业及各年级教师共同参加,公开评审图纸,听取汇报,与同学们充分交流讨论,现场打分和讲评,选出优胜作品,以期在今后的教学过程中予以改进。
教学方法	模型制作实践、汇报总结、集中讲评。
阶段成果	完成手工模型、提交正式图纸。

前后作业

前一个作业:名作解析

HOUSE N

后一个作业:轻质建构

名作解析

通过对著名建筑师(以四个大师、普利茨奖得主为主)已建成的中小型建筑名作的解析,使学生初步了解并掌握基本的设计方法和步骤,培养学生独立思考、分析问题、解决问题的能力,以及良好的空间构形、立体造型的能力,并对建筑与文化、与人、与技术、与气候等关系有初步了解。

成果:
两张或两张以上手绘A2图纸,包括但不限于:
1.作品与设计的相关背景,调研与学术评价等。
2.相关图纸、总图、平、立、剖面图等。
3.建筑作品的分析图与说明、图解等。
4.相关透视或轴测图、细部大样。
5.手工模型的照片(不少于5张,需反映制作过程)。
6.作品的典型特点与个人解析。

轻质建构要求:

通过轻质材料PP中空板建造实践,学生获得对材料性能、建造方式及过程的感性认识,并理性认知建筑的物理特性,通过在自己建造的建筑空间中进行的活动体验,初步把握建筑使用功能、人体尺度、空间形态以及建筑物理、技术等方面的本要求。

模型(集体)
1.1:10白色展示模型
2.1:1PP中空板实体模型一个/组(可拆卸)
图纸(个人)
1.A2作业图2-3张
2.全过程记录照片

教师点评

方案介绍

小说中对于等级分明的三个阶梯的描述使我想起简意盎然,而其离梯折叠的方式又让我开始思考构成的穿插、升降、光影对比等多种形式,我的概念也因此形成。

通过虚实相间的搭接穿插,营造成一般而非的空间,通过横细的立柱表现崩塌的观感,与外面的方方面面鲜明对比。通过无规则体块的内体现空间的逼仄与压抑,如同小说给人的精神观感。

教师点评

通过对文本中"三层空间"设定的理解,准确有效地抓住文中"三"的关键概念进行转译。通过对空间形态的理解,运用空间构成手法,将空间形式丰富有序地建构起来,从而形成了很强的文本与空间形态的关联。模型与图面表达逻辑清晰、完整,作业对题目特有的理解准确到位,是一份质量很高的空间构成设计。

方案介绍

归繁为简,建筑由小方块以人的意志按照一定的秩序组合排序而成,每个小方块空间承担着不同的职责与功能,又统一于空间的本质。空间被赋予了运动性和可组性,从而拥有无限的可塑形态。

提取空间基本型:魔方空间—由单位小空间聚集而成的一种空间体系,具有密集性及极大变化性。

教师点评

设计以建筑的形成方式"组合—分解"为切入点,提取魔方空间为空间的基本型,通过对基本型的不同操作与组合在小空间中创造了丰富的公共空间。图纸对于最终成果的表达比较充分,但是对于空间构成的生成过程表达不够。

方案介绍

这次空间构成的设计过程是一个转译过程,从作者以文字表述出的人情冷漠·社会形态,到自我空间语言的表述、思考、再创作过程。

由下至上,以线面体不同开放程度的围合、分隔面与立方体外表面的倾斜角度,来展现不同世界中的建筑密度,以及对自然环境的亲和程度。由下至上,以各种程度的降低、通透性的递增,来映照等级升高时建筑密度降低、公共环境缓和放松和自然的特点,同时符合合力学原理。模型受力稳定。刻意为立方空间分层的同时,又加了个即"天井"和外部双层"墙",局部打破分层空间。

教师点评

该作业的空间构成,"基本形—骨架—构成"的思路较为清晰,空间构成关系处理较为整体,精图平与基本部分图纸表达过于简单、平淡;模型部分交接略生硬,如能加强方案细节推导与表达,设计会更进一步。

图纸展示

教学总结与反思

"空间折叠"课程教学延续上一阶段空间知识与建筑解析环节,通过短篇小说《北京折叠》的文本阅读,感悟其中的空间描述和典型的空间片段,围绕空间概念与原型采取形式转化与空间操作尝试模型构思和制作,最终通过图解表现,完成空间构成设计,再联系后一阶段的轻质建构环节,从而达到了"空间认知-空间构成-模型建构"的空间训练主线,本课程教学过程中围绕"空间图解"展开空间阅读、文本阅读、空间感悟、模型制作等将逻辑与空间图解解等较为难性的元素隐含其中。特别是一年级学生从熟悉的小说阅读出发寻找空间构成概念的"原型",生动活泼,很好地串接了形象思维与逻辑思维,对图解表现与空间构成起到了较好的训练作用。

当代知识的多元、信息传播的便捷和学生个性的发展使得学生的知识架构有了一个全新的认识,这使得教师中更应成为一个组织者和引导者,教师在某些环节甚至仅仅作为聆听者而不是判人。在设计中突出学生的主动性和能动性,教学评价的标准更多是学生的概念分析过程和逻辑的合理,而且并不是答案本身。

"值得提醒的是,信息传播的便捷和新生代的个性发展如何从以往理科式的理性思维转换为形象和直觉思维始终是教学的难点,空间构成较为抽象,从"阅读-感悟-图解"把握概念和原型,形式的提取和转译空间的操作和图解,不失为一种有益的尝试。当然,此次课程中所关注的空间操作形式转化的可变性和空间构成的多样性、教学过程中模型如何有效评价、手绘与电脑表达如何平衡理论体系如何完善等诸多细节,有待在后续教学中进一步实践与优化。

作业题目： 空间折叠——从文本到空间构成
指导老师： 钟力力、齐靖、邹敏、章为、陈娜
学　　生： 李晗、吴孟然、马钰婵、蔡雨希、宋国瑞、
　　　　　　　田子卉、贾晨璐

Assignment Title: Space Folding—From Text to Space Composition
Instructors: Zhong Lili, Qi Jing, Zou Min, Zhang Wei, Chen Na
Students: Li Han, Wu Mengran, Ma Yuchan, Cai Yuxi，Song Guorui,
Tian Zihui，Jia Chenlu

1 设计内容

设计构思需要一个概念来源，概念来自于设计者对事物的认知，如"所见""所闻""所想"。阅读一本小说，着重理解小说中对于空间相关的描述，通过想象与感知提取出一种来自这种感受的形态与空间关系，运用空间构成的知识完成一个空间构成设计。

2 要求

2.1 阅读与感悟

阅读短篇科幻小说《折叠北京》并思考文中关于"空间"与"折叠"描述，以自己体会最深的部分（句子、段落、章节均可）写一篇读后感，字数不宜超过 1000 字。

2.2 转化与归纳

着重理解小说中对空间的描述，然后转化为 3 种以内的基本形，比如：将某种空间提炼归纳成一种空间形态要素，胡同空间、胶囊空间提炼成较小的体块。

在秩序和逻辑的引导下设计一种空间关系，比如：在网格引导下设计空间的开合、对比、渐变、穿插、反转、交叉、延展，等等。

并以小组讨论的工作方式进行优化修改，之后每人做一个方案，并做 PPT 汇报。

3 图解与表现

运用 3 - 4 张简图，借助网格用点、线、面将设计的过程整理成由文字 - 图形 - 形态的逻辑过程，用个数不少于 20 个体块在 20mmX30mmX30mm 或者 30mmX30mmX30mm 大小范围内，完成一个空间构成，表现出构想的空间形态。

1 Design Content

Design conception needs a concept source, which comes from the designer's cognition of things, such as "seeing" "hearing" and "thinking". Reading a novel, focus on understanding the description of space in the novel, extract a form and spatial relationship from this feeling through imagination and perception, and use the knowledge of space composition to complete a space composition design.

2 Requirements

2.1 Reading and Perception

Read the short science fiction story "Folding Beijing" and think about the description of "space" and "folding" in the story. Write an essay about the part (sentence, paragraph, chapter) that you feel the most about. The words should not be more than 1000 words.

2.2 Transformation and Induction

Focus on understanding the description of space in the novel, and then transform it into three basic forms. For example, a certain space is refined into a spatial form element, and hutong space and capsule space are refined into smaller volumes.

Design a spatial relationship under the guidance of order and logic, such as: design space opening and closing, contrast, gradient, intersperse, reverse, crossover, extension and so on under the guidance of grid.

In addition, it was optimized and modified in the form of group discussion, and then everyone made a plan and made a PPT report.

3 Diagrams and Representations

The design process is organized into a logical process consisting of text, figure and form with the help of 3-4 simple drawings and grid with points, lines and planes. A spatial composition is completed with no less than 20 volumes in the size range of 20mmX30mmX30mm or 30mmX30mmX30mm to show the spatial form conceived.

从文本到空间构成　北京折叠

抽象　联想　建模　简析
Abstraction　Association　Construction　Analysis

UTOPUS
空间的乌托邦·从有限到无穷

建筑 1604 班　李晗

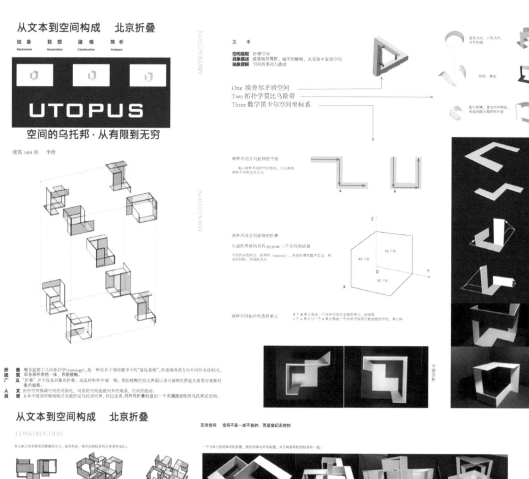

文　本

空间提取　折叠空间
具象描述　建筑物的弯折，城市的蜿蜒，从实体中发现空间
抽象理解　空间的多用与流动

One 埃舍尔矛盾空间
Two 拓扑学莫比乌斯带
Three 数学笛卡尔空间坐标系

两种不同方向延伸的平面

通过两种不同的折叠，可以得到
两种不同的生活方式

两种不同方向延伸的折叠

生成的单体均具有 xy,yz,xz 三个方向的延展

空间的本质特征为：延展性（extensio），体现折叠的数学定义，相
同的材料，不同的方向

两种不同拓扑性质的单元

3 个 A 单元形成一个内外空间无交流的单元，封闭体
2 个 A 单元与 B 单元形成有内外空间有内外交流的空间，单元体

平面分析

折　概念起源于几何拓扑学（topology），是一种存在于理论数学中的"混沌系统"，即系统各部方向不同但体质相同。
叠　即各部件浑然一体，界限模糊。
建　广　义　"折叠"并不仅是具象的折叠，或是材料和外观一致。例如缩略的形式界限以及勾勒的图底关系等对模糊对象的醒暗。
筑　文　反　折中所指的空间的同瑕化，同瑕的空间函数化，空间的流动。
　　人　反　文本中描述的模糊瑕义交流的反乌托邦世界，经过改善，同样用折叠创造出一个充满流动性的乌托邦式空间。

从文本到空间构成　　北京折叠

CONSTRUCTION

单元体之间会采用模糊的方式，各有有机的，使空间则组合有无形多种变幻。

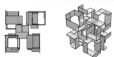

无穷空间　空间不是一成不变的，而是变幻无穷的

一个方体与封团体有机折叠，使封团体内外有瑕通，并且两者有机的结合在一起。

方体层层折叠，每一个方体都与封团体及其他方体建立关系，使整个体系融为一体，图合部分成为一个概念化的折叠平面，视团合部分约为 20 个小空间体。

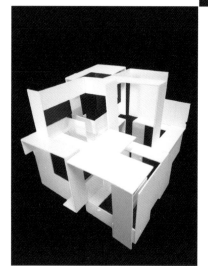

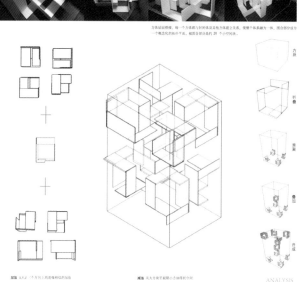

加法 x,y,z 三个方向上均易瑕积折叠加法

减法 从太方体里拆瑕小方体瑕折小空间

方块

折叠

重组

叠加

合成

学生：李晗

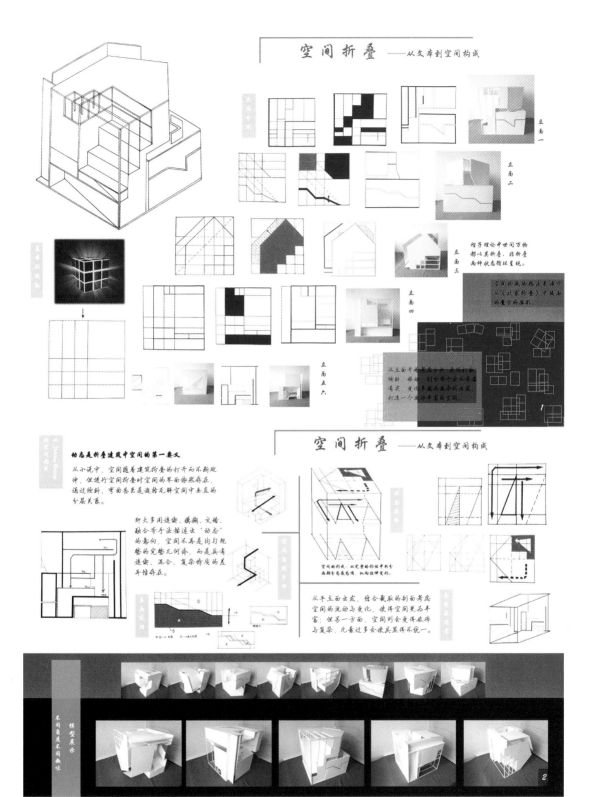

学生：马钰婵、蔡雨希

31

作业要求： 根据短篇小说《北京折叠》，提取概念，在 300×300×300 的空间内完成空间构成。

小说简介：

《北京折叠》是科幻作家郝景芳创作的中短篇小说。该小说创造了一个更极端的类似情景，书里的北京不知年月，空间分为三层，不同的人占据了不同的空间。它按照不同的比例，分配着每个 48 小时周期，是夜之间三个空间的交替折叠。每次只能是一个空间的人活动，此时另外两个空间的人进入受控制的睡眠，他们的建筑物会被紧紧折叠藏于地底下。三个空间的居民被禁止相互流动，而故事，就发生在名叫"老刀"的第三空间的垃圾工，穿越三个空间的故事……这是一个与现实有关的科幻故事。郝景芳结合了多年北京生活的经验，描述了科幻类的分为三层空间的北京，记叙现实的人情冷暖，其中还有对生活在北京的"国贸人""回龙观人"等的刻画和描述。

概念提取：

"折叠城市分三层空间。大地的一面是第一空间，500 万人口，生存时间是从清晨六点到第二天清晨六点。空间休眠，大地翻转。翻转后的另一面是第二空间和第三空间。第二空间生活着 2500 万人口，从次日清晨六点到夜晚十点，第三空间生活着 5000 万人，从十点到清晨六点，然后回到第一空间。时间经过了精心规划和最优分配，小心翼翼隔离，500 万人享用二十四小时，7500 万人享用另外二十四小时。"

解题思路：

小说中，城市中的三个阶级空间和时间上被精确的划分。我们以三个空间为主要设计思路，通过体块划分、形态变化表现空间的折叠扭曲之感。

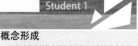

Student 1

概念形成 Inspiration

人们狭窄的居住空间和阶级的严格划分使我联想到密闭的空间，在密闭的空间中进行从有序到无序的划分，从而完成表达。

形态 Configuration

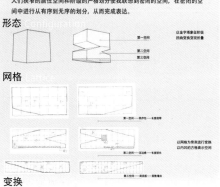

以金字塔象征阶级 扭曲变换表现折叠

第一空间
第二空间
第三空间

网格 Lattice

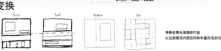

第一空间——板井性——长廊拓宽

以网格为骨架进行变换 以内凹的方格表示空间

第二空间——压迫感——长廊变长

第三空间——昏暗感——面数增加

变换

将剩余图合面随即打破 以达到展现内部空间和丰富形态的目的

密闭而狭小的空间堆叠，如同蚁穴，随着转换颠簸摇晃，折叠将空间隐藏，仿佛一座座牢笼，北京城是一座更大的牢笼，把整个城市禁锢，人们的思维被折叠的城市固化，没有人想着去城市外看两眼。

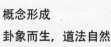

Student 2

概念形成 Inspiration

卦象而生，道法自然

小说中对于等级分明的三个阶梯的描述使我想起周易否卦，而其高楼折叠的方式又让我开始思考构成中的穿插、升降、光影对比等多种形式，我的概念也因此形成。

将平面图分为高度不同的三部分，并将其斜劈。

将前图中上方空隙提取为横插的立柱，在立方体内锯下空隙并将上方封口。

进行有规律切块并在缺口处粘以磨砂玻璃纸。

通过磨砂玻璃纸的应用营造似是而非的空间感。
通过横插的立柱表现崩塌的观感，与外围的四方形成鲜明对比。
通过无规则体块的内凹体现空间的逼仄与压抑，就如同《北京折叠》这本书给人的精神观感。

细节表达

模型展示

学生：贾晨璐

从文本到空间构成—— 叁空间₂

Student 3

概念形成

《北京折叠》给人留下最深刻的印象是三个空间中资源的精确分配，因为阶级身份的不同，占有的时间、空间、阳光资源也不相同。

因此，我将空间划分为大小不一的三个部分，象征不同阶级所占有的不等长时间；各空间内，体块的密集程度模拟了不同空间内人们的个人生活面积；各空间的位置分布，以及遮掩程度使各空间的入射光量也不相同，表现了文本中不同空间的人所占有的阳光资源。

正立面图

背立面图

立面展示

模型展示

空间划分

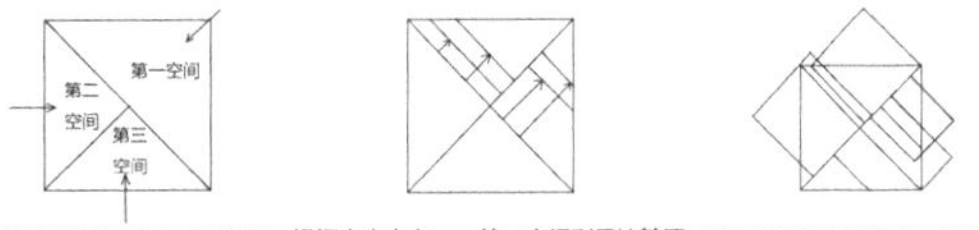

利用对角线和二分之一对角线对正方形进行分割，第一空间独占一面，第二、三空间共用另一个面。

根据文本内容——第一空间利用地基厚度来平衡配重，将分隔第一空间和第三空间的对角线进行四等分并平移，体现第二、三空间对第一空间存在的作用。

沿平移后对角线补全，形成倾斜的方形骨骼线。补全后的图形通过虚实和位置的错动，形成模型的两个立面。

局部变化

立面　　　　基本形　　　　基本形的变化　　　　基本形的剪贴

基本形的拉伸　　　　基本形的缩放　　　　基本形的组合

形态形成

Student 4

概念形成

《北京折叠》中城市与自然的冲突与调和、不同空间的对比与协调是我这个空间构成的灵感来源，通过架子（城市文明）与体块（自然地基）虚实的强烈对比体现人与自然之间的冲突。又通过架子与体块阶梯形状的呼应取得了形体上的虚实咬合，形成虚实相生的态势。用"城市-地基-时空"层层分隔的方式，来达到小中见大的效果。

形态形成过程

一　　　被分隔的时空

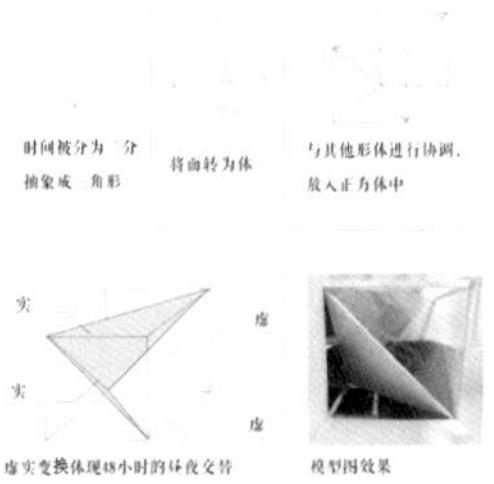

时间被分为分　　抽象成　角形
　　　　　　　将面转为体

实

虚
实　　　　　　虚

虚实变换体现24小时的昼夜交替
　　　　　模型图效果

将面转为体
与其他形体进行协调，放入并为其中

概念源于一次改造的城市

二　　　被折叠的地表

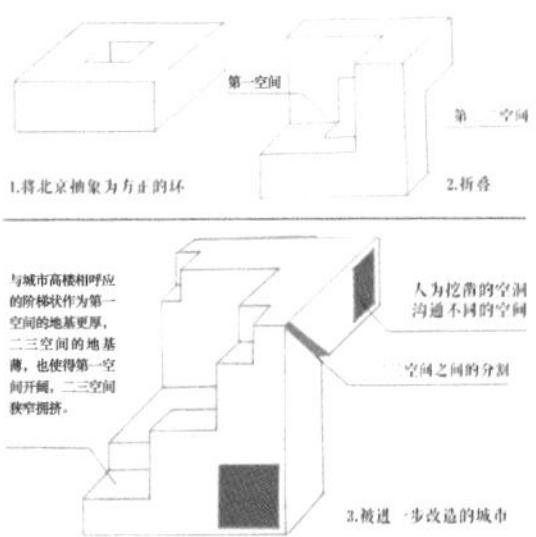

第一空间
折骨
第一　空间

1.得北京�\[...\]架为\[...\]方立\[...\]环

与城市高楼相呼应的模块作为第一空间的地基更厚，二三空间的地基更薄，也使得第一空间开阔，二三空间狭窄拥挤。

人为挖筑的空间沟通不同的空间

空间之间的分隔

2.概造一次改造的城市

三　　　被交错的城市

第一空间　　第一空间　　第一空间

空间交错，表示见了24小时

第二、三空间与相交错（草模）

第一空间整齐并列的高楼（草模）

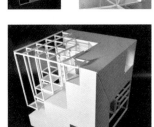

一　　　二　　　三

四　　　五　　　六

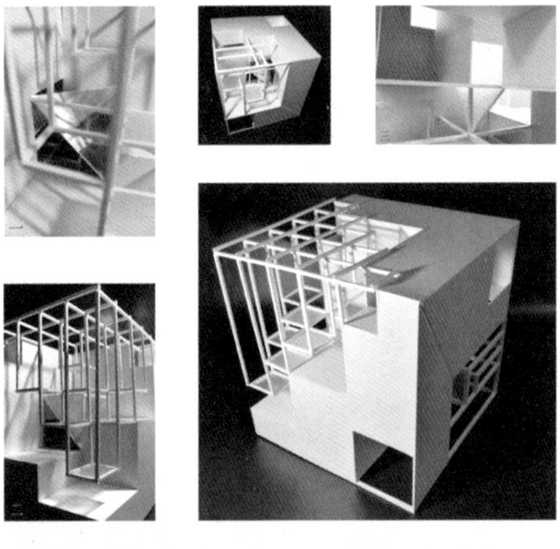

从文本到空间构成——北京折叠
Beijing Folding—From Text to Spatial Construction

空间划分
Subdivision of Space

"大地的一面是第一空间，五百万人口。生存时间是从清晨六点到第二天清晨六点。空间休眠，大地翻转，翻转后后另一面是第二空间和第三空间。第二空间生活着两千五百万人，从次日清晨六点到夜晚十点。第三空间生活着五千万人，从十点到清晨六点。"

象征与概念
Metaphors and Concepts

① 只是围绕着一座花园有零星分布的小楼，几乎看不出它们是一体，走到地下，才看到相连的通道。

② 边角锐利的写字楼朝气蓬勃的上班族

③ 步行街上挤满了刚刚下班的人，拥挤的男人女人围着小贩子摊土特产，大声讨价还价

网格系统
The Grid System

"他的单人小房子和一般公租屋无异，六平方米房间，一个厕所，一个能做菜的角落，一张桌子一把椅子，胶囊床铺，胶囊下是抽拉式箱柜，可以放衣服物品。"

单体　　空间网格

·现在，我们发现两套坐标系同时存在。形成网格。一方面，斜线与曲线的组肌似暗示了空间位置对角线方向上的张弛关系 另一方面，一系列的水平和竖直线的存在表明绘画画者对平面视觉画面对空间位置的暧昧态度

—— 透明性：现象与物自身 柯林·罗伯特·斯拉茨基 共朽沉思

"延伸到六环〔9诺转院客转和大面积绿地花园"用无法区别内外的空间组织这有乐趣而有秩序的游玩空间

"楼道里喧闹状嘈杂，充满嘈嘈醒目：洗来冲厕所和吵闹的声音、凌乱的头发和乱敏的睡衣在门里门外穿梭。"

"真正意义上的全景，包含转接的整个城市双面镜头：大地翻转，另一面城市，边角锐利的写字楼，明气蠢动的上班族；夜晚的霓虹，白昼一样的天空，高耸入云的公租房，影院和舞厅的娱乐。"

密集的小空间象征着第一空间的狭促

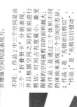

原文节选

转换开始了。这是24小时周期的分隔时刻，整个世界开始翻转。钢筋砖块合拢的声音连成一片，像出了故障的流水线。高楼收拢合并，折叠成立方体。霓虹灯、店铺、招牌、阳台和附加结构都被吸收入墙体，贴成楼的肌肤。结构见缝插针，每一寸空间都被占满。
每个清晨，如果有人从远处观望——就像大货车司机在高速北京入口处等待时那样——他会看到整座城市的伸展与折叠。

晨光熹微中，一座城市折叠自身，向地面收拢。高楼像最卑微的仆人，弯下腰，让自己低声下气切断身体，头碰着脚，紧紧贴在一起，然后再次断裂弯腰，将头顶手臂扭曲弯折，插入空隙。高楼弯折之后重新组合，蜷缩成致密的巨大魔方，密密匝匝地聚合到一起，陷入沉睡。然后地面翻转，小块小块土地围绕其轴，一百八十度翻转到另一面，将另一面的建筑楼宇露出地表。楼宇由折叠中站立起身，在灰蓝色的天空中像苏醒的兽类。城市孤岛在橘黄色晨光中落位，展开，站定，腾起弥漫的灰色苍云。

——《北京折叠》

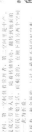

解题思路 Theme Comprehen

故事里的北京被建在一个巨大的转轴上。转轴上粘附了三个不同的生存空间。第一空间住着管理者，第二空间里是中产，第三空间则是底层劳务人员。随着转轴转动，翻转到地面的那一个空间里居民开始生活，而剩余的，在地下的另两个空间则进入休眠——此为折叠。

折叠的出现意味着一种全新的，与过去截然不同的时空观，空间开始以一种新的方式呈现，也引发了我们接下来的种种思考。当思考变成一种特权，当每个空间里的人从思想上已完全无法发生共鸣和交流，折叠便宣告完成。

小说将北京设定为两平面三空间，空间互换时大地翻折，建筑折叠、收拢，给人一种破碎、折叠的动态感。通过渐变、堆叠、翻折、交叉、延伸、咬合、切割、错动等方式可以改变。

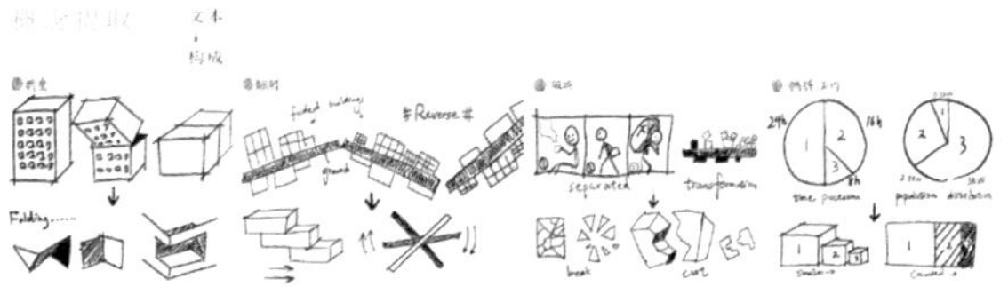

设计1 Design 1

构思过程

贯穿本文的主线是三个空间以及对折叠延伸的运用。我认为，折叠或是延伸可以使空间利用得更加合理，甚或就改变了空间的存在形态，而空间大小形态的变化也会产生奇妙的视觉效果。因此，我从文本中提取了三个立方体盒子为基本型，各代表一二三空间，并把这三个盒子中的一些体块切割掉，联合盒子的错动，借以呼应文本中大地裂开的情节。而后又提取了文中折叠的元素，将三个盒子中的一些体块转化为折叠型。

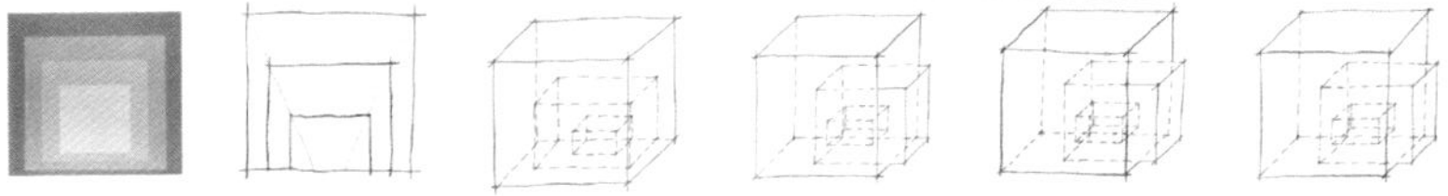

模型图片

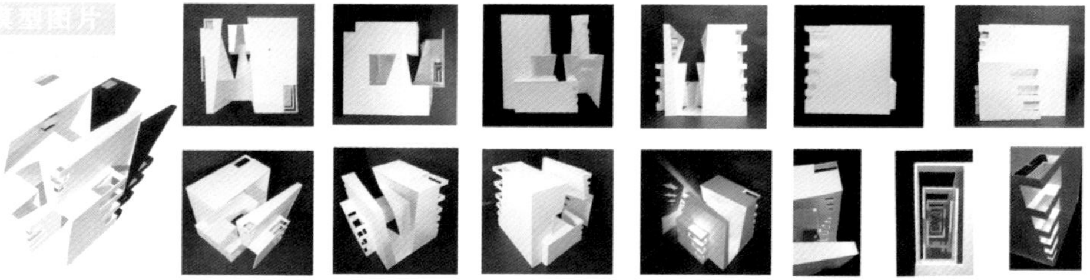

设计2 Design 2

构思过程

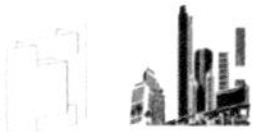

概念来源于《北京折叠》，基本形态受到了折叠贺卡的启发。
小说中的城市可以折叠，在压缩与伸展间切换。这对应折叠贺卡中可突出的“方块”部分。
每一张贺卡代表一种空间。又因为三个空间是相互转换又存密不可分，故将这三张贺卡面对面拼在一起，形成一个正方体。

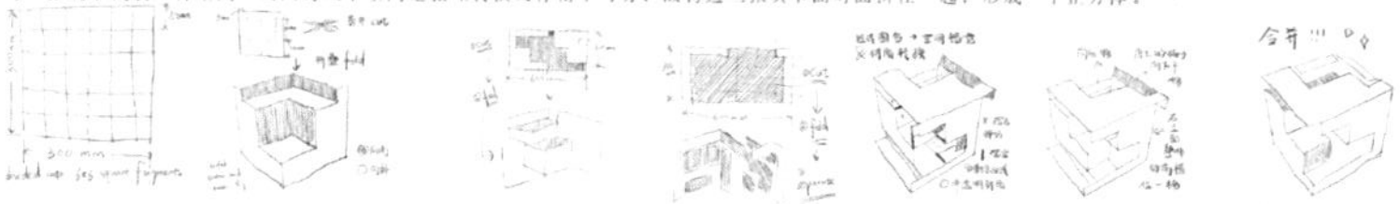

1. 骨骼。每个“贺卡”由两个这样的正方形组成，划分骨骼：6cm×6cm，每个小正方形边长为5cm

2. 第一空间，因其“稳定、开阔、富余”，所以剪裁得宽松。又由“城市大气中正的对称布局”进行对称剪裁

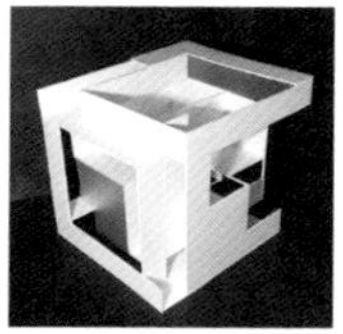

制作过程

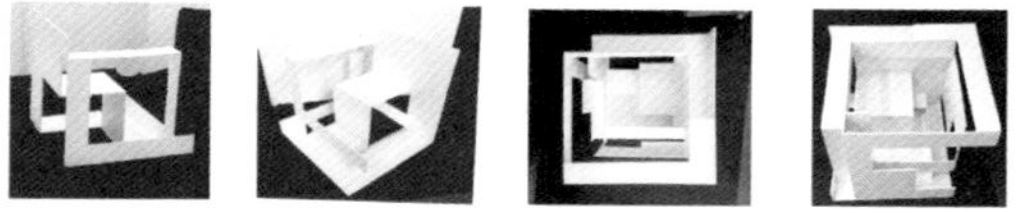

模型图片

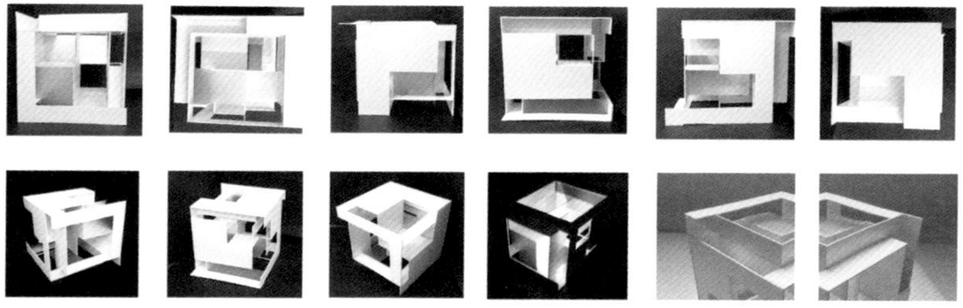

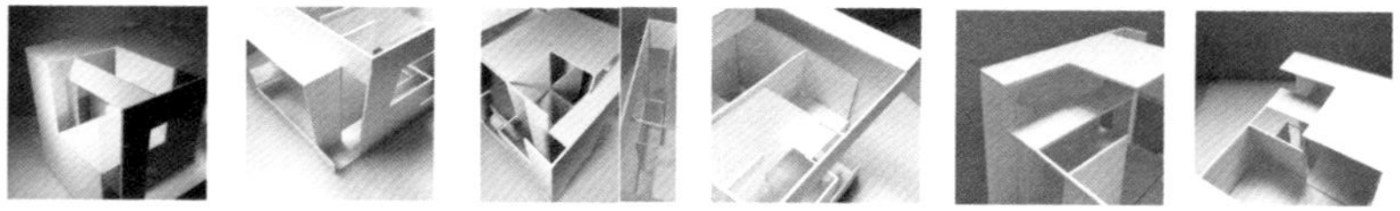

作品类比

作品1和作品2对比

相同：1.提取和使用了“三个空间”的概念，将这三个空间转换成三个形态应用在空间构成中，并且根据三个空间自由度和时间占有率的不同对其进行区别处理。2.都使用了“折叠”概念，都是类似于向内凹的折叠形式。

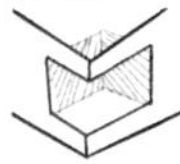

3. 都使用了“错动”的手法，以呼应文本中大地裂开的情节，并增强空间构成表现力。

不同：1. 作品2中三个空间是由三个“折叠贺卡”分别表现，并且根据空间之间的差别进行剪切。时间占有度最小、最受限制的空间被剪切的面积越大；而作品1是通过三个体积不同的体块来表现三个空间的差异。
2. 作品1是“先错动后剪切”，“作品2”是“先剪切后错动”。

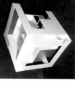

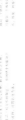

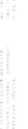

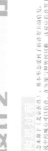

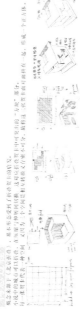

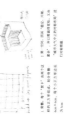

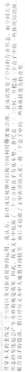

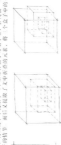

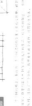

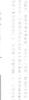

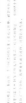

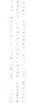

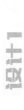

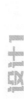

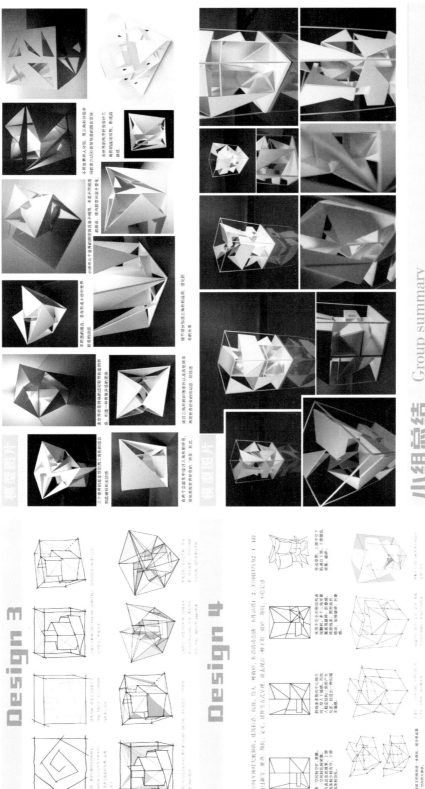

设计3　Design 3

构思过程

文中的几个空间"合并"吸入"古墙"木由其理想列天然存在的密集分布结构一一蜂巢，以无遗槽有的六边形组成了这个稳定的又形相吸入又边形，进而提取吸入又边形，进而提取吸入又形，过程容将提取取出叠合的概念。通过对木同面的折叠又可以形成出破碎的概念。通过对木同面的折叠又可以形成出破碎的关系。至于破碎三角形则考虑使用三角形作为基本元素展开设计。

三角形的各种形状的吸取展开，进而的的创造出吸小的空间的兴趣

小空间的三角折叠形成破碎不规则，各形成出吸小多个世界的折叠形成出的空间

木规则的折叠形成，每条形成出吸小的多个世界的折叠形成的空间

由于破碎形成使出叠合，由木叠出的折叠形成组合三角形的空间形成处境

通过设计与加强三角形以及最硬的表现出来，两处表现使达到的吸引，强化折

设计4　Design 4

构思过程

小空间在的设定定为内参。以和其折叠元素和其破碎体小空间定这。并将其破坏入设计。

比例的行空间设为内参。2.空间破碎片的和方面主要3个。种破碎，各分别表达出吸小个设计。种破碎。点展设计。

第一空间为内心斜吸，又式，破碎的不木同斜角大又体。上图采用吸小多形折叠形吸线位上吸吸2。上图线位的斜叠。下图斜角3会2的吸小或形。

采用多本种折新结构表可随破碎多个一种吸小折发入式设料以斜多表反应破碎。创造出一种吸小的表现感。图位上吸、破碎形、折叠（加强破碎形、折叠

用吸吸叠然、上图吸吸下的斜破叠片。下部吸折斜吸、破碎

种破碎，各分别表达出吸小个设计。种破碎。点展设计。

作品集

在不同与小面面结元素和破碎体小空间定这，并将其破坏入设计。2.都出平面的分别设计作品。作品4系列吸线位斜，从吸小多。点展吸入设计时程吸吸本入设计，并展破碎片入又式。从破碎的斜破点。3吸吸本设计斜。前出吸吸吸过让斜破吸体，表点。

相同点：

1.都延用了小设计中的折叠元素和破碎形破碎体小空间定这，并将其破坏入设计。

2.都出平面的分别设计作品。

不同点：

1.概念设计的大半。设计4入世界折叠又式折叠元素木同。设计中往往注重吸吸体吸点，又图1、2、3空间的吸特点。3吸吸本设计4往于1、2、3空间的不同。前4吸吸过吸吸过让小体破吸的吸吸吸吸本未完成实体。

小组总结　Group summary

小组的四个或四个以上人均从小说中提取了折叠形式的灵感本源展开设计。由以此作为设计的灵感点及原型来表现出一个或其或现其点。有的组认偏向于分别及现其点。个之空间的特点。有的从认中入切入点。而在设计开始。前在设计开始。在设计手法上。各组或从均及是中平面的分别设计手法上。各的同学或选择体块推叠的方式。有的同学选择选斜的方式。多种组合的方式也使此小组作业小组作业精彩多呈。风格各异。

作业题目： 4×3×2 空间构成
指导老师： 钟力力、齐靖、邹敏、章为、陈娜
学　　生： 党辰、张蕙、贾辰扬、武文忻

Assignment Title: 4X3X2 Space Composition

Instructors: Zhong Lili, Qi Jing, Zou min, Zhang Wei, Chen Na

Students: Dang Chen, Zhang Yi, Jia Chenyang, Wu Wenxin

1 教学要求

空间构成同其他构成一样，都属于建筑设计的基础性训练阶段。通过对空间的构成练习，关注空间与形式的整体关系，初步掌握其构成原理、构成要素、构成的方法与规律，进而把握空间构成与建筑设计之间的关系，为下一步的建筑设计打下坚实的基础。

2 内容与要求

设计采用工作模型与草图辅助构思为主。在一个8m×6m×4m、比例为 4：3：2 的空间范围内，以纯概念的面分隔限定空间，注意空间及实体的形态、层次感及开口与封闭部位之间所形成的虚实对比。

在 8m×6m×4m 的空间网格内进行空间设计，强调对比例的把握与理解，遵循一定的模数关系，例如：0.6m×0.4m 等。运用三维空间的构成方式和组合手法，如：节奏、对比、均衡等。理解现代主义"流动空间"、模数、比例等概念。

1 Teaching Requirements

Like other forms, space composition belongs to the basic training stage of architectural design. By practicing the composition of space and paying attention to the overall relationship between space and form, we can initially master the principle, elements, methods and laws of its composition, and then grasp the relationship between space composition and architectural design, laying a solid foundation for the next step of architectural design.

2 Content and Requirements

The design uses the working model and the sketch auxiliary conception mainly. In a space range of length (8 m) x height (6 m) x width (4 m) with a ratio of 4：3：2, space is delimit by the surface of pure concept, and pay attention to the shape of space and entity, the sense of hierarchy, and the virtual and real contrast between opening and closed parts.

Space design is carried out in the 8mx6mx4m spatial grid, emphasizing the grasp and understanding of proportion, and following certain modulus relations, such as 0.6mx0.4m, etc. The use of three-dimensional space composition and combination techniques, such as: rhythm, contrast, balance, etc. Understand some concepts such as "space of flow"of modernism，modulus and proportion.

I.灵感·光年之外

也许未来遥远在光年之外，
我愿守候未知里为你等待。
——邓紫棋《光年之外》

通过对这两句歌词的思考，进行形象化，体现一种追寻光的过程。为了使流线更绵延，纵深且曲折，因此选取3×2为主方向，4×3为俯视方向，对追寻光的流线进行塑造，体现流线的距离感。

纵深

分层

分割距离控制

俯视图

左视图

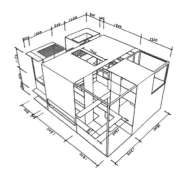

II.生成·横纵曲直

体块塑造方式

斜交
↓
正交

改斜交为正交的塑造手法，增强了体块的体量感，也使4:3:2的模数得到更清晰的体现。

体块切割方式

流线生成方式

生成

复制拉伸

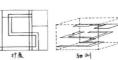

扩展

轴测

III.破立·起伏不平

V.细部·悄无声息

通过对拓扑手法的运用，使远与近、实与虚、虚与透之间的关系得到更加清晰地呈现，根据流线的距离以及透过光线的面积，确定了实、虚与透的位置及关系，增添了作品的趣味性。

IV.错落·高低上下

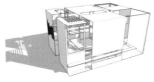

通过对主要的交通流线的塑造，将其分成三个部分，分别处在不同的高度内。从俯视图角度看，三部分流线会整合成一条连贯的折线，体现主要流线的完整性。从除底面图之外的角度看，主要流线会展现出明显的阶梯分布，且断处以垂直连接，每一层的标高也符合4:3:2的比例，符合模数的比例，也更加突出作品的主题。

学生：党辰

1 灵感·画与诗

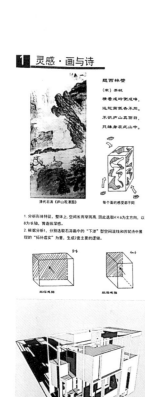

题西林壁
（宋）苏轼
横看成岭侧成峰，
远近高低各不同。
不识庐山真面目，
只缘身在此山中。

清代石涛《庐山观瀑图》

每个面的感受都不同

1. 分析形体特征，整体上，空间长而穿而高，因此选取4×3×6为主方向，以8为长轴，青盖纵深感。
2. 根据分析1，分别选取石涛画中的"下泄"型空间流线和苏轼诗中呈现的"拓补虚实"为量，生成2套主要的逻辑。

山水意趣·4×3×2空间构成

武文忻 建筑1703 201702010308

□ 生成逻辑

2 抽象·空间流线

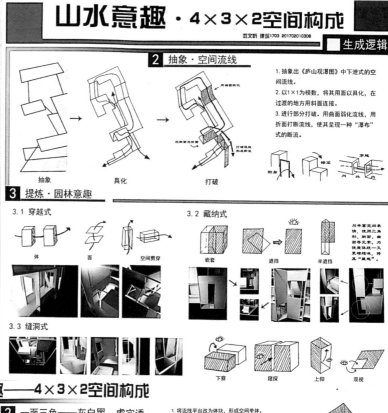

抽象　　　　具化　　　　打破

1. 抽象出《庐山观瀑图》中下泄式的空间流线。
2. 以1×1为模数，将其用面以具化，在过渡的地方用斜面连接。
3. 进行部分打破。用曲面弱化流线，用折断打断流线，使其呈现一种"瀑布"式的断流。

3 提炼·园林意趣

3.1 穿越式

体　　　面　　　空间贯穿

3.2 藏纳式

嵌套　　　遮挡　　　半遮挡

为丰富空间层次，使用三角形、斜面等元素。为使复杂度高一点，更增趣味，将其"藏起"。

3.3 缝洞式

下察　　　窥探　　　上仰　　　双视

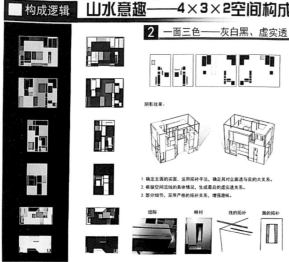

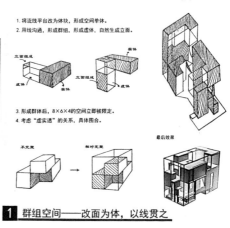

□ 构成逻辑 山水意趣——4×3×2空间构成

2 一面三色——灰白黑、虚实透

阴影效果：

1. 确定主面的实面，运用拓补手法，确定其对立面透与实的大关系。
2. 根据空间流线的具体情况，生成最后的虚实透关系。
3. 部分细节，采用严格的拓补关系，增强趣味。

缝隙　　　映衬　　　线的拓补　　　面的拓补

1. 将流线平台改为体块，形成空间单体。
2. 用线沟涌，形成群组，形成虚体，自然生成立面。

立面组成　　立面组成
虚体　　实体　　虚体

3. 形成群体后，8×6×4的空间立即被限定。
4. 考虑"虚实透"的关系，具体围合。

不变量　　　相对变量

最后效果

1 群组空间——改面为体，以线贯之

1. 充分利用空间，将整体从上到下分为6.5.4三个高度。
2. 参考人体尺度，以2和2.25为基准降低标高，"断流"处以1为基准，形成4.3.2的阶梯。

3 错落有致——标高的高低变化

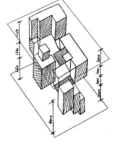

学生：武文忻

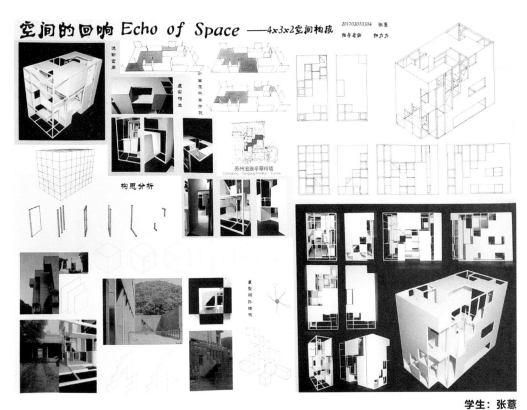

空间的回响 Echo of Space ——4×3×2空间构成

学生：张薏

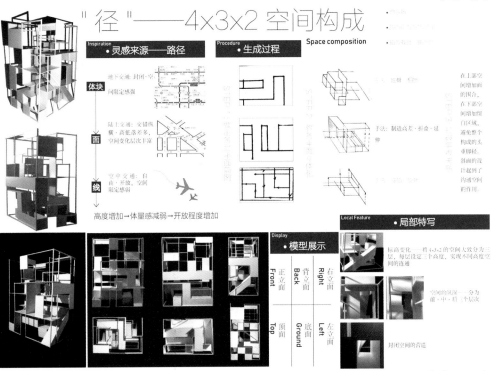

"径"——4×3×2 空间构成

Space composition

Inspiration · 灵感来源——路径

Procedure · 生成过程

高度增加→体量感减弱→开放程度增加

Display · 模型展示

Local Feature · 局部特写

学生：贾辰扬

41

专题三：场所与认知——场所认知模块

Topic 3: Place and Cognition—Place Cognition Module

开课学期：大一春季学期

Semester: Spring semester of first grade

3-1 校园微建筑设计 —— 艺术展廊

Campus Micro-Architecture Design — Art Gallery

3-2 社区文化长廊

Community Culture Corridor

3-3 西湖文化园景观与环艺创意设计

Creative Design of Landscape and Environment Art of West Lake Cultural Park

3-4 景观小建筑设计

Landscape Small Building Design

教师团队
Teacher team

钟力力
Zhong Lili

邹敏
Zou Min

章为
Zhang Wei

齐靖
Qi Jing

陈娜
Chen Na

胡翯
Hu Biao

课程介绍
Course introduction

以场所认知为重点，在空间构成的基础上，用一组连续、渐变的构筑物或小品来完成某种主题的微建筑设计课题。

1 教学目标
培养建筑设计的人居观念与环境意识，在兼顾空间与形态自主性的同时，统筹考虑场所特征与满足使用的功能要求。对建筑功能与形式二者的关系有初步认识，确立"建筑为人所用"的思想，考虑人的行为，结合人体尺度，注意空间建立的可行性、合理性与安全性，还应注意空间形态的统一与变化。系统了解建筑设计的一般过程，初步掌握建筑空间设计的基本方法与表达。

2 教学进阶
2.1 场所分析：以组为单位，通过观察、问卷和访谈进行环境调研和场地分析，内容包括但不限于：场地的基本条件（如：朝向、日照、景观）、自然要素（如：树木、水、山）、城市关联（如：道路、肌理、风貌）、历史文脉（如：符号、色彩、记忆）、基本功能要求（如：日常流线、主要活动、空间使用）等。基于场所的多维角度来认知环境与确定主要功能，进行方案构思。

2.2 形体组合：在空间构成的整体形态基础上，不考虑材质和肌理，进行三维形体的立体构成以及内外部空间限定，单体注重尺度与形体操作，整体在空间或形式上则追求连续性和渐变效果，力求实现使用功能与空间形式的统一。

2.3 环境融入：从环境要素与特征出发，进一步明晰设计主题与内容，结合场所特点深化空间与形式的内外关系、层次变化、虚实对比、完善相关的尺度、材质、肌理、色彩等，充分考虑人对建筑的使用与体验，强调建筑与周边环境之间的整体协调。

Focus on the cognition of the place, and on the basis of the composition of the space, use a group of continuous and gradual structures or pieces to complete a micro architectural design subject of a certain theme.

1 Teaching Objectives
Cultivate the residential concept and environmental awareness of architectural design, and consider the characteristics of the site and meet the functional requirements of use while taking into account the autonomy of space and form. Have a preliminary understanding of the relationship between architectural function and form, establish the thought of "building for human use", consider human behavior, combined with human scale, pay attention to the feasibility, rationality and safety of space establishment, and the unity and change of space form. To systematically understand the general process of architectural design and master the basic methods and expressions of architectural space design.

2 Advanced Teaching
2.1 Analysis of places: as a group for the unit, through the observation, questionnaire and interview environment investigation and site analysis, content including but not limited to:basic conditions of the site(such as: towards, sunshine, landscape), natural elements (such as trees, water, mountain), city association (such as roads, texture, style), historical context (such as: symbol, color, memory), basic functional requirements (e.g., daily circulation, main activities, space use), etc. Based on the multidimensional perspective of the place to recognize the environment and determine the main functions, to carry out the plan.

2.2 Form combination: On the basis of the overall form of space composition, without considering the material and texture, the three-dimensional structure of the three-dimensional form and the limitation of internal and external space are carried out. The monomer pays attention to the scale and form operation, while the whole pursues continuity and gradual change effect in space or form, striving to achieve the unity of the use function and space form.

2.3 Environment integration: starting from the environmental elements and characteristics, further clarify the design theme and content, combining with the characteristics of places deepen space and the internal and external relations, the level of form change, the actual contrast, so as to perfect the related dimensions, material, texture, color, etc., and give full consideration to the use of construction and experience, emphasize the overall coordination between the building and the surrounding environment.

教案题目： 校园展廊设计
教案编写： 章为、邹敏、钟力力、齐靖、陈娜

Lesson Plan Topic : Campus Gallery Design

Lesson Plan Compilation: Zhang Wei, Zou Min, Zhong Lili, Qi Jing, Chen Na

1 教学目的

1.1 以学生所处的校园真实环境作为设计对象，充分考虑使用者的生活、学习需求，使学生初步掌握特定场所中人的行为活动规律和环境要求，思考人与环境的互动关系，理解场所精神，并锻炼其发现问题、分析问题、解决问题的能力，训练设计思维的逻辑性。

1.2 理解空间构成与其相关理论，强调空间连续性限定的特点，归纳和掌握空间形式语言，寻求合理的功能与相应的空间形态关系，研究空间的分割与限定方式、空间界面的虚实关系，并结合功能和环境、行为等因素塑造宜人的空间形态与体量，并符合人的尺度，学会综合考虑问题的思维方式。

1.3 掌握以模型为主的设计手段，鼓励以模型作为直观手段促进设计思路发展。特别通过模型掌握空间形态的比例关系，体会光影变化及美学效果。

2 教学思路

2.1 课题强调对空间、场地和功能相互关系的理解与操作。突破传统建筑基础教学以空间构成训练为主的模式，树立以认知为核心的空间观念，初步掌握具有可操作性的建筑设计方法，在设计深度上借助空间构成的构型方法，完成从案例学习到独立设计。

2.2 校园小建筑长廊设计以简单空间限定性设计为主要训练内容，同时其灵活多变的特点促使学生深入思考和研究不同的特质，挖掘空间、行为的复合性、丰富性。教学不强调复杂功能，从环境与场所入手，重点使学生掌握空间、环境、行为的相互关系。

2.3 课题的教学过程因循"设计"思维逻辑来梳理和组织，以校园环境与空间的认知和讨论为出发点，引发对空间、环境、活动等问题的观察分析和思考，激励学生善于观察、研究，并创造性、理性地提出解决问题的策略和方法。

2.4 本课题强调设计的广度，要求学生综合运用设计原理、环境心理学、行为心理学等相关理论知识。鼓励学生关注建筑学的前沿理论和交叉学科。

1 Teaching Purpose

1.1 Take student's real campus environment as design object, give full consideration to the user's life and study needs to make students grasp the specific place activity rule and environmental requirements of human behavior, thinking, the interaction between people and the environment to understand the place spirit, and to exercise their ability to find analyze and solve problems, training design thinking logic.

1.2 To understand the space composition and its related theory, emphasizes the characteristics of the spatial continuity of limit, induction and mastered space form, to seek the reasonable function and the corresponding relationship between space form, the space segmentation and limited way, space interface between virtual relationship, and connecting with the features and pleasant environment, factors such as the shape of space form and dimension, and in accordance with the scale of the people, learn to think in a comprehensive way.

1.3 Master the model-based design means, and encourage the model as an intuitive means to promote the development of design ideas. Especially through the model to master the spatial form of the proportional relationship, experience the light and shadow changes and aesthetic effect.

2 Teaching Ideas

2.1 The subject emphasizes the understanding and operation of the inter relationship between space, site and function. Break through the traditional basic architectural teaching mode focusing on space composition training, establish the space concept with cognition as the core, preliminarily master the operable architectural design methods, and complete the process from case study to independent design with the help of the configuration method of space composition in the depth of design.

2.2 The design of corridor of small buildings on campus takes the design of simple space limitation as the main training content. At the same time, its flexible and variable characteristics encourage students to think deeply and study different characteristics, and explore the complexity and richness of space and behavior. Teaching does not emphasize complex functions, starting with environment and place, focusing on making students master the interrelationship between space, environment and behavior.

2.3 The teaching process of the subject follows the "design" thinking logic to sort out and organize. Starting from the cognition and discussion of campus environment and space, it triggers the observation, analysis and thinking of space, environment, activities and other problems, and encourages students to be good at observation, research and put forward creative and rational strategies and methods to solve problems.

2.4 This topic emphasizes the breadth of design, requiring students to comprehensively use design principles, environmental psychology, behavioral psychology and other relevant theoretical knowledge. Students are encouraged to focus on cutting-edge theories and interdisciplinary disciplines in architecture.

■ 课程体系

【一年级教学架构】

设计基础教学以空间设计思维培养导向，基础训练为核心，分为设计启蒙、空间认知、空间造型、建筑设计五个阶段内容，设置了表达基础、形式基础、空间基础、场所认知基础、建构基础五个教学模块。每个模块配套相应的设计环节，以一、二年级的课程相衔接，思考考与二年级课程相对应，并将教案放在各年级整体的教学系统中定位和设置。

五大教学模块之间形成有机联系的整体，以空间设计训练为主线，按照教学次序交叉呈现于空间层面的，该体系奠定的关联性考核主要基于与空间设计的专业认知规律一致并且不局限在一年级的教学视角来看待模块的设置，思考考与二年级的课程难度，课程环节放在各年级整体的教学系统中定位和设置。

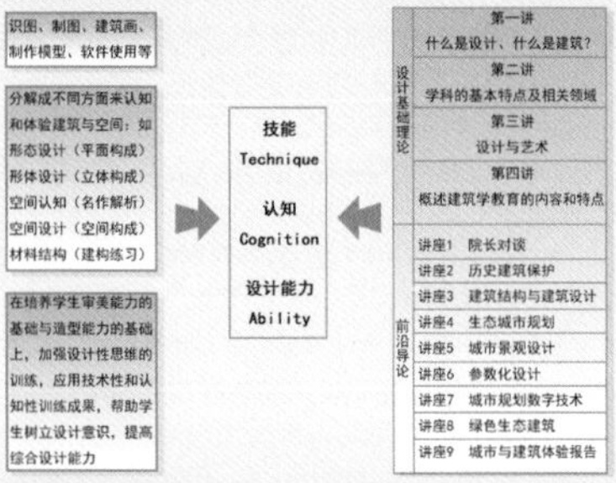

以"设计思维"为导向的《设计基础》课程内容设置

学期	设计课程（学时）	课程环节	研究方法	设计思维	技法训练
第一学期	尺度·行为空间（4学时）	测绘小建筑：小食亭、小汽水处理站	行为观察、调查研究	功能：行为、心理	实物测绘、草图记录、线条作图、尺寸标注、模型制作
	单一空间分析·改造（4学时）	调研城市公园中的涵洞空间，人对空间的适应特点；提出美化涵洞内部的方案	行为观察、调查研究	景观·场地、功能·流线、空间表达设计	实物测绘、模型制作、制图表现
第二学期	空间·连接·复合（10学时）	选取某一个现代建筑作品进行研习，总在空间、形态特点	行为观察、调查研究、分析表达	概念与理解、空间、形态设计、景观·场地	综合表达、模型制作、制图表现
		室名解析中的空间、形态特点及建构时空间造型专业；以小组的方式在场地中设计、布置阶段的规模整合，植入场地中形成具有有机功能的小建筑			
	从材料、节点出发到空间建构（6学时）	根据指定材料准则进行材料解析与材料构件组合；以不同构件组合和形态设计进行建构和赋予一定功能	材料解析、构件组合分析	建构实践、材料组合、结构与材料	建构实践、模型制作、制图表现

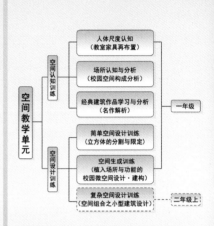

空间教学单元
- 空间认知训练
  - 人体尺度认知（教室家具再布置）
  - 场所认知与分析（校园空间构成分析）
  - 经典建筑作品学习与分析（名作解析）
- 空间设计训练
  - 简单空间训练（立方体的分割与限定）
  - 空间生成训练（植入场所与功能的校园微空间设计·建构）
  - 复杂空间设计训练（空间组合之小型建筑设计）

一年级 / 二年级上

设计基础训练与理论

设计基础
识读、制图、建筑画、制作模型、软件使用等

分解或不同方案认知和体验建筑实体以和形态设计（平面构成）形体设计（立体构成）空间认知（名作解析）空间设计（空间构成）材料结构

在结合学生审美和能力的基础与造型能力的基础上，加强设计性思维的训练，应用技术和认知性训练构成，帮助学生树立设计意识，提高综合设计能力

技能 Technique
认知 Cognition
设计能力 Ability

设计概论

第一讲 什么是设计、什么是建筑？
第二讲 学科的基本特点及相关领域
第三讲 设计与艺术
第四讲 概述建筑教育的内容和特点

讲座1 院长对谈
讲座2 历史建筑保护
讲座3 生态城市规划
讲座4 参数化设计
讲座5 ...
讲座6 绿色生态建筑
讲座7 ...
讲座8 ...
讲座9 城市与建筑体验展

■ 课题介绍

【课题背景】

《小建筑设计-长廊》是我院《设计基础2》课程中将《名作解析》和《空间构成》作业成果整合在具体场所中人的行为活动规律中来进行研究和研究中来的特质，三个设计项目前后关联，结合完成的设计题目，时长总6周，课时总计36学时。本题目遵循"学中做""做中思"的学习知趣程，在每个作业环节中逐步解决不同的问题，掌握不同的技能。有重点有价值地实施教学设计，过程清晰明确，并设计了"空间认知设计"训练系列教学单元，结合《设计概论》课程课程的建筑与空间的相关理论知识。

在教学过程强调先例分析、调查研究、行为观察、对比分析、空间设计等"设计"思维和研究方法，并结合制图表达、模型、软件使用等基础技能训练，使学生的空间设计学习奠定专业认知和综合能力的基础。

本课题组织和串联一、二年级的设计课程联系，将作业作为一年级的设计课题内容，是上一年每同学对教学内容的把握，同时其灵活多变的特点使学生深入思考和研究不同的特质，因此设计在加强综合专业设计的强度设置上，引导学生由设计基础理解期阶梯模块中开列的诸多广泛认知进展与深度的思考。

【设计任务书】

校园小建筑设计——长廊

设计内容：

在《空间构成连续、渐变》的基础上，要求一组（5个）连续的构物物或小品来完成一个连续贯穿教学设计。用要求的尺寸不大于3m×3m×3m，空间尺寸为1m的一组（5个）碰撞空间小单体。要求5个构物或小品在连续性和渐变的效果，并具有使用的能限水动一定的要见，注意与周边场与建筑之间的协调，功能要考虑观察方式和每一个单体合理组合。

对指定的场地条件进行分析和观察，将5个单体结合布置在场地内部符合人的步行行为。设计应对现有草坪进行改造，结合绿化，布置展品所需的构物或小品，使该地成为具有较美的公共休憩场地。

该作业以小组为单位（2～3人），共同完成课题分析，在2～3个空间构成方案基础上完成设计。

建筑地位置与场地条件：位于湖南大学环境学院与麓山南路之间的草坪，65m×45m的矩形用地。

设计要求：

一、总图与环境联系
1. 考虑总图的高差关系，对地形、周边建筑、道路条件进行分析。
2. 对解剖及日照等条件的分析，对展布周边建筑、需要保留的大树，周道等进行条件有所分析，同时，也可根据场地调研分析改造场地。
3. 交通与流线：总图上与行人道行走连结的处理，合理明确，各人流不交叉干扰，流线分析，各个入口各有落口标识，流线便捷、紧凑、合理。要求人流与外部环境关系明确，明确。
4. 对外部环境进行设计，包括对人行流线与道路、场地入口、外部空间、绿化与水体等，进行场地设计。
5. 造型风格明确，要求结合空间及材质、结构，深入表达。
6. 空间与形式的更高追求——场所氛围、艺术氛围的营造，符合大学生群体个性的空间塑造。

二、调研与观察
1. 调研展示空间的特点，思考并总结展型、线性展示的特点。
2. 利用行为观察的方法观察人在展示空间里观看者的行为有哪些特点，这些特点对于空间设计有哪些影响？
3. 调研所在场地周边的景观特点，在场地上的行为（行走、停留）特点与场地的关系（是否存在看好倾向），考虑如何搭放5个构物或小品等能合理植入场地，对于原场地进行重新设计。

三、平面与功能
1. 空间的功能组织合理，对于展示建筑来说，注意展示内容（平面展品摆绘画作品、立体工艺品雕塑、陶艺）和展品的不同分区以及展厅的划分合理，合理明确，各人流不交叉干扰，流线分析；各个出入各有落口标识，使用方便。
2. 采光合理。考虑朝向及自然采光等因素，合理巧妙利用各种自然光线与影影，使空间与富美观光影效果。

四、空间与形式
1. 空间结构组合构思明确，具有一定特色。体现建地地貌水平面的特点，利用高差关系和自然景观，丰富室内外空间。
2. 空间序列组合连续流线设计营造，空间开敞与封闭、明暗、高与低、内与外，空间变化生动、丰富，富有一定的趣味。
3. 能够有效地运用平台、露台、廊道等过渡空间及架空、坡道等要素，组织塑造室内外空间形态。
4. 利用建筑及家具布置与空间形式相适宜；合理运用各种立体构成、形式结合空间与材质，结构，深入表达。
5. 空间与形式的更高追求——交流集散、场所氛围、艺术氛围的营造，符合大学生个性空间塑造。

【教学思路】

1. 课题强调对空间、场地和功能相互关系的理解与操作，以往传统建筑教学中空间构成训练是点，在正式式实务和建筑表达处理建立以认知为核心的空间观念，初步掌握具有可操作性的建筑设计方法，在设计深度上借助空间构成的模型方法，从案例学习中独立设计过程。

2. 校园小建筑设计长廊设计以简单空间限定性设计为主题将一年每同学对教学内容的把握，同时其灵活多变的特点使学生深入思考和研究不同的特质，比如数字建模分析、参数化和数字化辅助设计等。

【教学目的】

1. 以学生所处的校园真实环境作为设计对象，结合实际，充分考虑使用者的生活、学习需求，使学生初步掌握特定场所中人的行为活动规律和环境要求，思考人与环境的相互关系。理解场所精神，训练其发现问题、分析问题、解决问题的能力，训练设计思维的逻辑性。

2. 认识空间成为与相应的建筑限定的特点，强调空间连续性限定的特点，研究空间的分割和限定方法，空间界面的虚实关系，并结合功能、行为等因素考虑空间人的尺度，学会综合考虑问题的思维方式。

3. 掌握以模型为主的设计手法，结合设计手段分阶段设计思路意，特别通过模型掌握空间形态的比例关系，体会光影变化及美学效果。

成果要求

1. 分析图部分
构思和设计过程的草图、草模等图式表达以及地形分析、功能分析、空间分析——剖轴测图、流线等分析部分。

2. 技术图部分
1) 总平面图（比例1∶300）
要求绘制
原有建筑及道路、环境等
对不同高度的地形，标注其绝对标高，次要出入口位置、指北针
车行道、步行道
室外庭院绿化及环境设计
挡土墙、等高线位置
大树位置

2) 各层平面（比例1∶100）
a) 绘出墙、柱、楼梯及隔断、门窗等
b) 绘制室内主要家具，卫生间设备
c) 绘制一层楼水布暗示，下层室外环境布置
d) 各区各区平面主要标高
e) 标注2道尺寸线绘制轴线及剖切尺只

说明：
图幅采用1#图幅（841×594），精度300pvdi
设计说明、调研报告、基地分析、要求文字简明扼要，重点突出出图并井流。

3) 主要立面图（比例1∶100以上）
a) 外墙表面分格线，各部分所用材质及色彩，结合图示立面文字表达
b) 必要的尺寸和标高等

4) 剖面图：至少两个（比例1∶100）
a) 包括结构线构架以及必要的尺寸、标高等
b) 反应主要室内外空间关系（剖切到楼梯、标高变化等）

3) 手工模型（比例1∶100或1∶50）和su模型
a) 手工模型各功能用若干5张
b) 手工模型至少1个以上
c) 手绘空间透视图（也可以su模型的简单图）
d) 室内效果图（图幅不限，至少一张）

说明：
1. 基础：3#图一张以上（室外主透视角度或其他）
a) 设计构思和概念的逻辑以及设计过程型构思过程的阐释。
必须清楚手工正式模型拍入正面中，比例完整。
注意设计构思和概念的逻辑以及设计过程型完整表达的阐释。
手工手绘表达应注意整线合理，例图表达正确，结构、构造或节点分析表达清晰合理；效果图建议注重完整图面表达的流畅，准确、美观。

整合综合调研阶段、组团设计阶段、单体建筑设计阶段的内容，还可结合其他艺术表达方式（手绘草图、水彩画、空间重叠等）

《设计基础1》平面构成作业

《设计基础1》作业钢笔画

《设计基础1》涵洞创意概念设计

时代剪影

时代剪影

《设计基础2》空间构成作业

■ 教学计划

环节与设置	训练目标	教学内容	成果	评价标准
第1阶段 ● 2-3人一组 ● 讨论并汇报	解析与方法	通过对著名建筑师的小型建筑名作的解析，了解基本的设计方法和步骤，建筑空间设计构思、立体造型方法，并对建筑与文化、建筑与技术、建筑与人、建筑与气候等关系有初步了解。	抄绘、手绘相关图纸。	能掌握独立分析问题、收集并对资料进行分析的方法。
第2阶段 ● 每小组每人独立完成1个构成方案	空间构成	空间的构成演变要根据序列体现空间的连续和逻辑性，要求演变的逻辑始终是一种形式语言，重点放在空间变化和单体相互之间以及外部场地的联系上。	手工模型 手绘图纸 模型拍照	具有连续变化的方式和逻辑，每个单体的6个面和7个单体相互之间都要考虑兼题统一。
第3阶段 ● 每组结合基地、功能方案比选 ● 小组共同完成小建筑设计	小建筑设计	在1、2阶段的基础上，保持原有形态逻辑和空间连续性并具有使用功能、展示功能和一定的景观，注意与周边环境与建筑之间的协调。	场地调研报告、手工模型、手绘图纸、模型拍照	观察环境、人的行为、理解观看展品需要的行为与尺度，并结合到设计中。

【与前后题目目的衔接】

1. 横向课程衔接

"校园小建筑设计——长廊"课题有效整合了"设计概论""设计基础"和"模型制作实践"三门平行课程。在教学时序上，"设计概论"课程讲授在前，系统地讲授了有关设计原理与设计方法等内容，而"模型制作实践"紧接着"设计基础"的教学周，结合之后的建构内容打通了两者的教学环节，同时也促进了两者课程的完成度与深度。在后续的课程设计中，以设计思维培养为主导，围绕着"设计基础"空间认知和训练的教学主线，将理论知识、空间认知与训练内容及模型制作有效结合，从而加强学生综合能力的培养。

2. 纵向课题衔接

前相关联作业：1名作解析

2空间构成-连续、渐变

"校园小建筑设计"组以和承上起一、二年级的设计课程联系，同时也是一年级"空间认知与设计"系列教学单元的训练重点。之前的作为一年级名作解析和单元空间构成的两个课题，学生已了解对名作解析和单元空间构成的类型和组合特点，掌握了形式与空间的表达、生成和转换，尝试了立方体单元空间的分割、限定和组织，而在本课题训练中，通过"场所、功能"的引入，完成一单-功能空间设计。

后相关联作业：《微建造设计》

思维训练重点以后面的"材料与构筑"，在模型制作实践中亲身体会和认知空间，在原有的教学主线上拓展展示或包含场所、功能、空间、材料等方面的综合设计基础知识系统。

二年级衔接

类型建筑设计是二年级上学期的第一个课题，在空间训练系列单元设计中尝试对空间概念的思考和实践，小型建筑设计如设计工作室、展厅等建筑规模小、功能相对简单，两空间的组合与体系、行为体验、功能与场所是设计的学习重点。因此，本课题的"单-功能空间设计"有助于加深对空间、功能、场所等方面的认知，能有效地拓宽建筑设计中的空间设计和建构的整体思路，加深空间认知和把握能力，促进建筑学包括对材料、结构、构造等方面的全面思考与掌握。

《设计基础2》名作解析作业

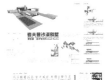

题目：建筑名作解析

目的　通过对著名建筑师（以四个大师、普利兹克奖得主为主）已建的中小型建筑名作的解析，培养学生独立思考、分析问题的能力。通过学习优秀的建筑案例，了解空间特点、立体造型的方法，使学生初步掌握了基本的设计方法和步骤；并对建筑与文化、建筑与人、建筑与技术、建筑与气候等关系有初步了解。

要求　1. 作业以个人为单位完成。
2. 本课程作业要求绘制图纸与手工模型，学生要正确运用制图工具完成图纸的解析与绘制；初步掌握使用KT板、PVC板等基础材料进行手工模型的加工与制作。
3. 分析是一种重要的学习手段，正确的观察分析取决于正确的设计思维和方法，掌握建筑分析的方法，可以为我们提供一种深入学习、理解优秀建筑的工具，由此为设计提供各种有价值的想法。
4. 要求选择一著名建筑师（以四个大师、普利兹克奖得主为主）的建筑作品进行分析，要尽可能为宜，住宅或公共建筑均可（作品应生鲜、目涵征名例解题）、可根据选择目录进行分析，从几何形态、构成关系、建筑用光、与环境的对话、对建筑材料的理解与应用、交通与空间、场所与空间、建筑意境等方面认识分析。

内容　两张或两张以上手绘A2图纸（如电脑绘图需经老师同意）。包括但不限于：
1. 作品相关者的相关背景、调研与学术评价等。
2. 相关图纸：总图、平、立、剖面图等。
3. 建筑作品的分析图与照片、图解等。
4. 相关透视或轴测、细部大样。
5. 手工模型的照片（不少于五张，需反映制作过程以及最后的成果）。
6. 作品的典型特点与个人解析。

《设计基础2》微建构作业

题目：空间构成-连续、渐变

目的　理解空间构成及其相关理论，掌握空间连续性限定的特点、归纳和掌握空间形式语言，寻求合理的功能与相应的空间形态关系，研究空间分割与限定方式、空间界面的虚实关系。

内容　在给定的范围内要求实现一组序列变化空间，其中空间的比例为1：1：1，空间间距为1的一组（7个）建筑小单体，空间的演变要根据序列体现空间的连续和逻辑性，要求演变的逻辑始终是一种形式语言。每一组为两个单体的6个面要要逐接→。上述个单体要要要求进行，不允许逆时针轮转，重点放在空间变化和单体相互之间以及外部场地的联系上。空间演变的形式，可以以实体测透视的空间，平面的形态，重点以空间体积的变化、单体角度和位置的变化等，平面-空间序列构成确定连续变化的方式和逻辑，每个单体的6个面和7个单体相互之间都要考虑兼景联系。

成果　图纸要求：A2图纸1-2张，包括：总平面图1：500，立面图1：100，单体平立面（可透），表现图。
模型要求：纸板木头等材料材料的模型，比例实为1：20。

时间　第5周空间构成讲授课、布置讲解制作业，消化题目构思
第6周构思方案，制作草模，草模修选
第7周场地、场地插入、优化草模
第8周确定方案、确定模型、确定模型
第9周用图纸整理出图、交图

评分　学习态度：5%；创造性：30%；使用功能：10%；设计及图纸完成程度：10%；图面质量：40%。

■ 教学总结与反思

在"校园小建筑设计——长廊"课题中，以校园真实环境与场所作为设计对象，更真切地帮助学生进行设计的思考与思考。学生是以设计者和使用者的双重身份投入到课题的学习中去，双重身份针体会有助于培养未来未来从业建筑师的责任感。一年级的学生要思维以形式逻辑为主，对此，课题结合了空间、材料、细部等知识要元素，并将功能和结构构较为性的设计元素含其中为一，二年级的设计课程建立了联结。此外，打破了由形面和态态入手进行设计的思维方式，教学重点围绕空间向，与行为等发生的关系进行设计，强调设计思维的逻辑性。课题以小组形式完成，教学对学生的组织和协调合作的能力，此外，不论从教学过程到反馈，还是从学生的作业成果来看，此次课题教学的完成，都达到了课程设置的初衷，甚至超出了老师的预期。

21世纪高等教育的目标不仅仅是教授专业知识和技能，更重要的是培养有创新思维能力与持续学习能力的人才。在又一次培养未来建筑工程度师的教学中，研究能力、表达能力和组织管理能力，使得学生的知识架构开始始自我完善，也促使老师在教学中更应成为一组织者和引导者，教师在某些环节里不仅仅作为旁听者而已主动地、主动性能始动性，教学评分的标准里多更多学生的概念评分标准过程和组织的主导的角度，而且并不是能作出最后的裁判。相信教师与同学们们表现出来的主动性、能动性和创造性能激发出后代们后代的建筑学专业学习的热情。

作业题目： 校园微建筑设计——艺术展廊
指导老师： 章为、齐靖、邹敏
学　　生： 黄洋、徐萌、张轩溥、张可心、王泽恺等

Assignment Title: Campus Micro-Architecture Design—Art Gallery

Instructors: Zhang Wei，Qi Jing，Zou Min

Students: Huang Yang, Xu Meng, Zhang Xuanpu, Zhang Kexin，Wang Zekai，etc.

1 设计内容

在《空间构成－连续、渐变》的基础上，要求用一组（5个）连续的构筑物或小品来完成一个连续微建筑设计。

2 要求

单个构筑物空间的尺寸不大于 3m×3m×3m，空间间距为 1m 的一组（5 个）建筑小单体，要求 5 个构筑物或小品在空间或形式上有连续性和渐变的效果，并具有使用功能、展示功能和一定的景观性，注意与周边环境及建筑之间的协调。功能要考虑观看方式和参观路径；考虑功能如何与 5 个单体合理结合。对指定的场地条件进行分析和观察，将 5 个单体结合布置在场地内部，符合人的参观行为。

设计应对现有草坪进行改造，结合绿化，布置景观所需的构筑物或小品，使该地段成为具有较高品位、环境优美的公共休憩绿地。

该作业以小组为单位（2－3人），共同完成调研及分析，在 2－3 个空间构成方案基础上完成设计。

1 Design Content

On the basis of "Space Composition – Continuous and Gradual Change", a set of (5) continuous structures or pieces is required to complete a continuous micro-architectural design.

2 Requirements

A group of 5 small building units with space size of single structure no more than 3m × 3m × 3m and spacing of 1m and the 5 small buildings (5 buildings) are required to have the effect of continuity and gradual change in space or form, and have the function of display and certain landscape. Attention should be paid to the coordination with the surrounding environment and buildings. Their functions need to be considered in coordination with the way to view and visit the path; Consider how functions fit into the five monomers. The designated site conditions were analyzed and observed, and the five monomers were combined and arranged inside the site in accordance with people's visiting behavior.

In the design, the existing lawn should be transformed, combined with afforestation, and the structures or ornaments required by the landscape should be arranged to make the lot a public green space with high grade and beautiful environment.

This work takes a team (2-3 students) to complete the research and analysis together, and the design is completed on the basis of 2-3 space composition schemes.

小建筑设计 展廊

小组成员：黄洋、徐萌、张轩溥 指导老师：齐靖

设计说明

　　基地位于环境院与湖南大学力工楼之间的小草坪，是双多湖大学子信息，基地活动的人气聚集。

　　设计说明在草坪上布置连续5个构筑物作为艺术展厅，供大学生们展示自己的手工艺术作品及景观。

　　在此设计中，为了增加观看过程中的整体性、探索性，加入了一系列设置的通过"光"的空间，使大学生们感受到私密的空间中相与交流。

学生：黄洋、徐萌、张轩溥

49

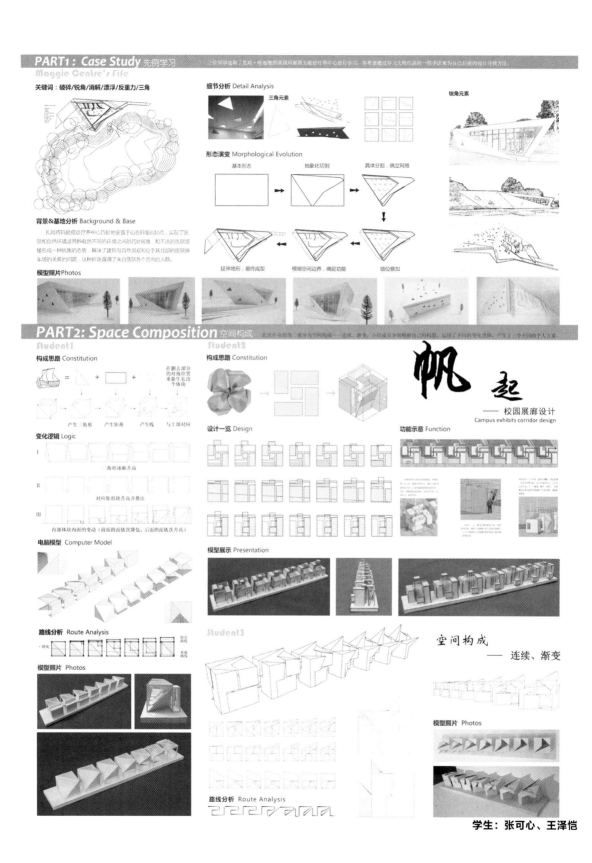

PART1 : Case Study 先例学习

三位同学选取了扎哈·哈迪德的英国玛姬第五癌症疗养中心进行学习，并希望通过学习大师作品的一些手法来为自己的设计寻找方法。

Maggie Centre's Fife

关键词 破碎/锐角/消解/漂浮/反重力/三角

细节分析 Detail Analysis

三角元素

锐角元素

形态演变 Morphological Evolution

基本形态 → 抽象化切割 → 具体分割，确立网络

↓

延伸地形，最终成型 ← 模糊空间边界，确定功能 ← 错位叠加

背景&基地分析 Background & Base

扎哈将癌症疗养中心巧妙地安置于山谷斜坡的起点，实现了医院和自然环境这两种截然不同的环境之间的巧妙转换，和不适的医院建筑形成一种抗衡的态势。解决了建筑与自然景观和位于其北面的医院停车场的关系的问题，这种折返强调了来自医院各个方向的人流。

模型照片 Photos

PART2: Space Composition 空间构成

此次作业的第二部分为空间构成——连续、渐变，小组成员分别根据自己的构思，运用了不同的变化思路，产生了三个不同的个人方案。

Student1

构成思路 Constitution

在删去大部分的对角位置重新生长出一个体块

产生三角形　产生矩形　产生线　与上部对应

变化逻辑 Logic

I　三角形逐渐升高

II　对应斯形块升高并推出

III　内部体块内面的变动（前面的面依次降低，后面的面依次升高）

电脑模型 Computer Model

路线分析 Route Analysis

模型照片 Photos

Student2

构成思路 Constitution

设计一览 Design

模型展示 Presentation

帆起
—— 校园展廊设计
Campus exhibits corridor design

功能示意 Function

Student3

空间构成
—— 连续、渐变

路线分析 Route Analysis

模型照片 Photos

学生：张可心、王泽恺

50

实地调研 Field Investigation

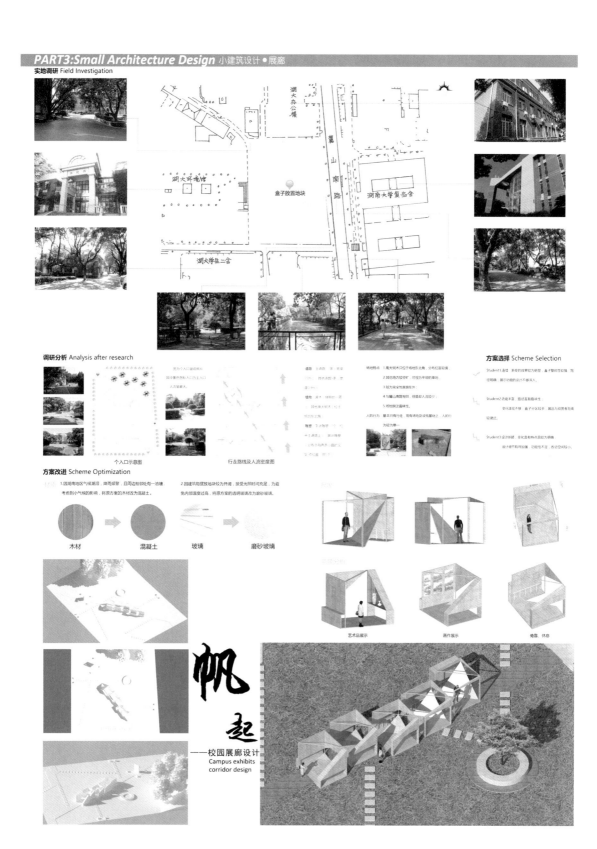

调研分析 Analysis after research

个入口示意图   行走路线及人流密度图

方案选择 Scheme Selection

方案改进 Scheme Optimization

木材　混凝土　玻璃　磨砂玻璃

艺术品展示　画作展示　摆摄、休息

帆
起
——校园展廊设计
Campus exhibits
corridor design

作业题目： 社区文化长廊
指导老师： 章为
学　　生： 王梦瑶

Assignment Title: Community Culture Corridor
Instructor: Zhang Wei
Student: Wang Mengyao

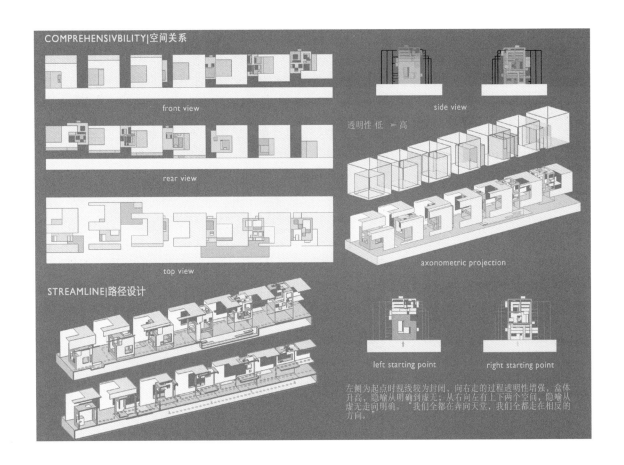

CLARITY|空间操作

不如我们从头来过。 ——《春光乍泄》

本次空间构成主要使用嵌套的手法进行处理。利用起点终点的转换形成及路径，
在社区生活中创造居民乐子在停晚医后象棋嬉戏的小场所，成为社区生活中的
"Happy Together"。

● 基本形

● 生成逻辑之七个盒子

a   b   c   d   e   f   g

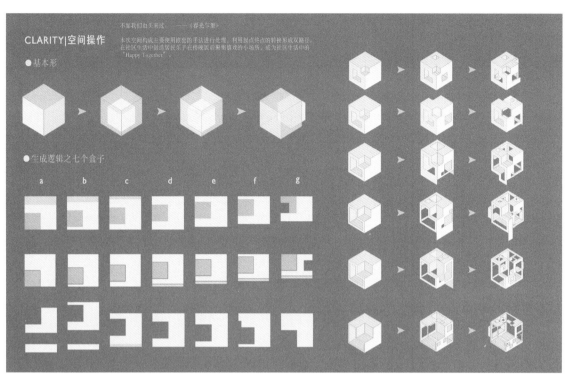

SCALE|人体尺度

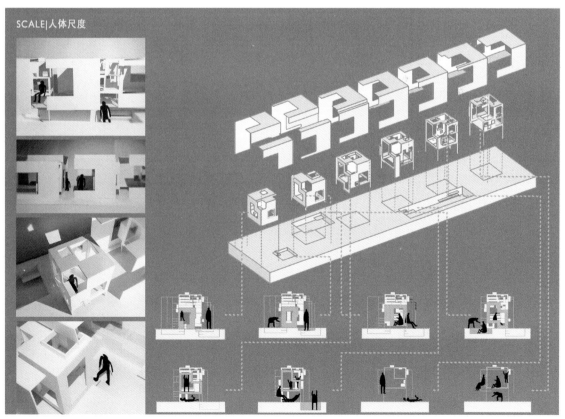

53

作业题目： 西湖文化园景观与环艺创意设计
指导老师： 钟力力
学　　生： 袁硕、于童、高雨寒等

Assignment Title: Creative Design of Landscape and Environment Art of West Lake Cultural Park

Instructor: Zhong Lili

Students: Yuan Shuo, Yu Tong, Gao Yuhan etc.

西湖文化园，西湖为自然风光，创意文化为其文脉。于中游览，自然与人文的结合给人舒适的体验，即设计之出发点。

In West Lake Culture Park, West Lake for natural scenery, creative culture for its context. The combination of nature and humanity gives people a comfortable experience when they walk in it, which is the starting point of the design.

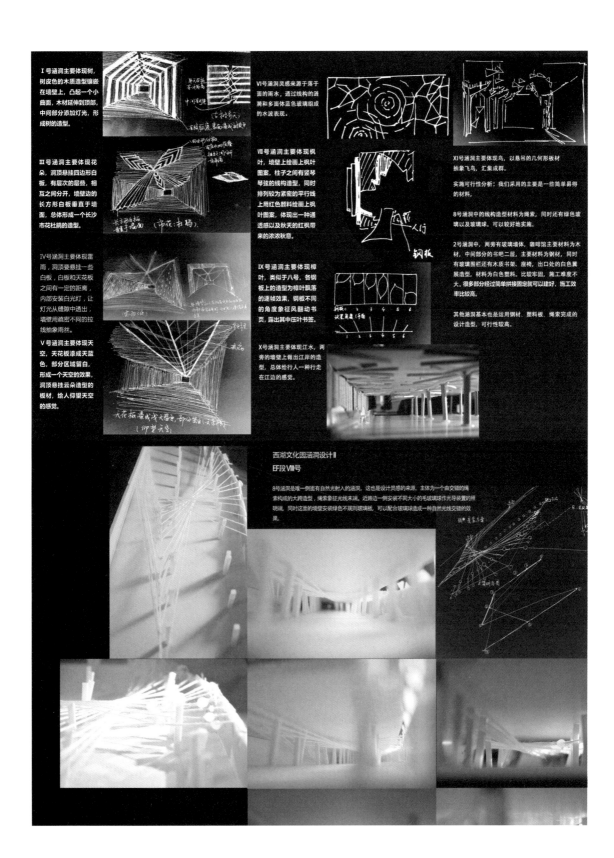

Ⅰ号涵洞主要体现树，树皮色的木质造型镶嵌在墙壁上，凸起一个小曲面，木材延伸到顶部，中间部分添加灯光，形成树的造型。

Ⅲ号涵洞主要体现花朵，洞顶悬挂四边形白板，有层次的层叠，相互之间分开，墙壁边的长方形白板垂直于墙面，总体形成一个长沙市花杜鹃的造型。

Ⅳ号涵洞主要体现雷雨，洞壁要悬挂一些白板，白板和天花板之间有一定的距离，内部安装白光灯，让灯光从缝隙中透出，墙壁用疏密不同的拉线抽象雨丝。

Ⅴ号涵洞主要体现天空，天花板漆成天蓝色，部分区域留白，形成一个天空的效果，洞顶悬挂云朵造型的板材，给人仰望天空的感觉。

Ⅵ号涵洞灵感来源于落于面的雨水，通过线构的洞湖和多面体蓝色玻璃组成的水波表现。

Ⅶ号涵洞主要体现枫叶，墙壁上绘画有枫叶图案，柱子之间有竖琴琴弦的线构造型，同时排列较为紧密的平行线上用红色颜料绘画上枫叶图案，体现出一种通透感以及秋天的红枫带来的浓郁秋意。

Ⅸ号涵洞主要体现樟叶，类似于八号，各钢板上的造型为樟叶飘落的逐渐效果，钢板不同的角度象征风翻动书页，露出其中压着叶形书签。

Ⅹ号涵洞主要体现江水，两旁的墙壁上做出江岸的造型，总体给行人一种行走在江边的感觉。

Ⅺ号涵洞主要体现鸟，以悬吊的几何形板材抽象飞鸟，汇集成群。

实施可行性分析：我们采用的主要是一些简单易得的材料，

8号涵洞中的线构造型材料为绳索，同时还有绿色玻璃以及玻璃球。可以较好地实施。

2号涵洞中，两旁有玻璃墙体，靠咖啡馆主要材料为木材，中间部分的书吧二层，主要材料为钢材，同时有玻璃图栏还有木质书架、座椅，出口处的白色翼展造型，材料为白色塑料。比较牢固，施工难度不大。很多部分经过简单拼接固定就可以建好，施工效率比较高。

其他涵洞基本也是运用钢材、塑料板、绳索完成的设计造型，可行性较高。

西湖文化园涵洞设计Ⅱ
EF段Ⅷ号

8号涵洞是唯一侧面有自然光射入的涵洞，这也是设计灵感的来源。主体为一个由交错的绳索构成的大跨造型，绳索象征光线末端。近路边一侧安装不同大小的毛玻璃球作光导装置的照明端，同时这面的墙壁安装绿色不规则玻璃板。可以配合玻璃球造成一种自然光线交错的效果。

作业题目： 景观小建筑设计
指导老师： 邹敏、钟力力
学　　生： 姜佳晨、邹佳怡、黄思钰、洪煜

3-4

Assignment Title: Landscape Small Building Design

Instructors: Zou Min，Zhong Lili

Students: Jiang Jiachen，Zou Jiayi，Huang Siyu，Hong Yu

1 目的

结合特定场域与某些特定功能，以空间单元进行关联布局和重构。关注人在场所和环境中的体验，学会处理组合单元空间与场地条件、周边建筑、行为路径的关系。学习用绘图和模型的表现手段表达设计概念。

2 内容与要求

给定的场地位于潇湘大道旁肖劲光故居南侧，天马新街专业教室东侧。地块目前为城市绿地，处在城市绿线范围内，面积约 1650 ㎡。要求在此场地内设计完成由 5-7 个空间单元(尺寸 3mx3mx3m)组合而成的景观小建筑。景观小建筑可考虑用于游客和学生的休息、驻足，重点放在对使用者行为的空间尺度设计、组合单元体与外部场地条件以及城市的关系上。在形态上主要考虑空间单元组合序列与逻辑。

1 Purpose

Combined with specific field and some specific functions, the associated layout and reconstruction are carried out with spatial units. Pay attention to people's experience in the place and environment, and learn to deal with the relationship between the combined unit space and the site conditions, surrounding buildings and behavior paths. Learn to express design concepts by means of drawings and models.

2 Contents and requirements

The given site is located in the south of Xiao Jinguang's former residence next to Xiaoxiang Avenue and the east of Tianma New Street professional classroom. At present, the plot is an urban green space within the urban green line, with an area of about 1650 square meters. The design requires that a small landscape building composed of 5-7 space units (size 3mx3mx3m) be designed in this site. The small landscape building can be considered for the rest and stop of tourists and students, focusing on the spatial scale design of user behavior, the combination unit and external site conditions, and the relationship between the city. In terms of form, it mainly considers the combination sequence and logic of spatial units.

故居绿地景观小亭 Ⅰ —— *Landscape skech besides the former residence*

场地分析：

总平面图 1:1000

城市主干道，表现历史变革，并显出古，是该区域放到大众的窗口。

进故居景区的停车场，各游人进入故居参观时需由停车场进入。

名人故居，是该区域的核心建筑，高约4m，样式为中国古代民宅，朴实无华。

设计区域所在的绿地，原生植被茂盛，地势有一定的起伏，基本地势为中间高四周低。

学生专业教室、地形孩子于故居以及绿地，学生可由陶段台阶进入设计中的区域。

此方高约10m的山丘，然与绿地茂盛，风景秀丽。

设计构成思路：

此次设计的简洁、通透为先，在空间操作时以整体切割的方法，并采用大片板片及玻璃进行空间围合。

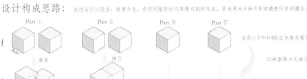

Part Ⅰ 　　 Part Ⅱ 　　 Part Ⅲ 　　 Part Ⅳ

采用六个1×1的立方体为单翼

以弧度等方式的组合

总成四个结构单元

切割、减弱等方式变形

变形为原不不规则几何形体

采用大面积坡屋面、折叠，墙地为倒玻璃

结合功能需添加设施、开窗，构成的 ❷ ❸

设计概念——跃

材质选择

故居绿地景观小亭 Ⅱ —— *Landscape skech besides the former residence*

路线及入口

植被平面图 1:500

重要视角效果

视角一：由故居大门

视角二：由停车场出入口

视角三：由专教进入方向

perspective 1

perspective 2

perspective 3

学生：姜佳晨

故居绿地景观小亭 Ⅲ —— *Landscape skech besides the former residence* ——

单元体信息: 构成该景观小品系列的四个小亭风格上主要参照现代主义的风格，在空间形式及陈设细节上力图呈现几何上的简洁美。在营造空间时重点有二，其一是通过大片的玻璃幕墙及适时的开窗使得空间通透清爽，其二则是在位置及细节上使景亭与被地内的绿化有机结合。

空间光影效果:

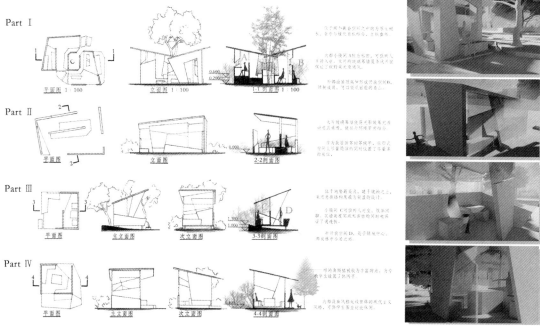

故居绿地景观小亭 Ⅴ —— *Landscape skech besides the former residence* ——

视角一: 由故居大门

视角二: 由专教方向

视角三: 由停车场路口

路径及配景细节

静·谧——肖劲光故居景观小建筑设计

单体立面

模型照片

节点效果

基地位置

理论学习

下列方法可以丰富空间层次

A：通过门洞从一个空间看另一个空间，可以借门把空间分为内外两个层次

B：通过空洞从一个空间看另一个空间，错空间分为两个层次，并且可以相互渗透。

C：通过两个一列柱，从一个空间看另一个空间，通过两者之间的空间相互渗透。

D：通过建筑其顶遮空的层层，从一个空间看另一个空间。

E：通过相邻的两个建筑之间的空隙从一个空间看另一个空间，通过两者之间的空隙互相渗透。

F：通过树从一个空间看另一个空间。

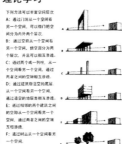

设计目标： 运用以上各种方法，使得设计可以获得极其丰富的外部空间的层次变化

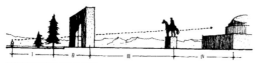

生成逻辑：

总平面图

基地总平面图

设计总平面图

给定的场地位于潇湘大道旁肖劲光故居南侧天马新街东侧，面积约为1650㎡的地块，地块目前为城市绿地，处在城市绿线范围内，此次设计任务要求在此场地内设计完成由5-7个尺寸3m×3m×3m空间单元组合而成的景观小建筑，该景观小建筑可考虑用于游客和学生的一般休息、驻足，重点放在对使用者行为的空间尺度设计、组合单元与外部场地条件，以及城市的关系上。在形态上主要考虑5-7个空间单元组合序列与逻辑。

东立面图

学生：黄思钰

59

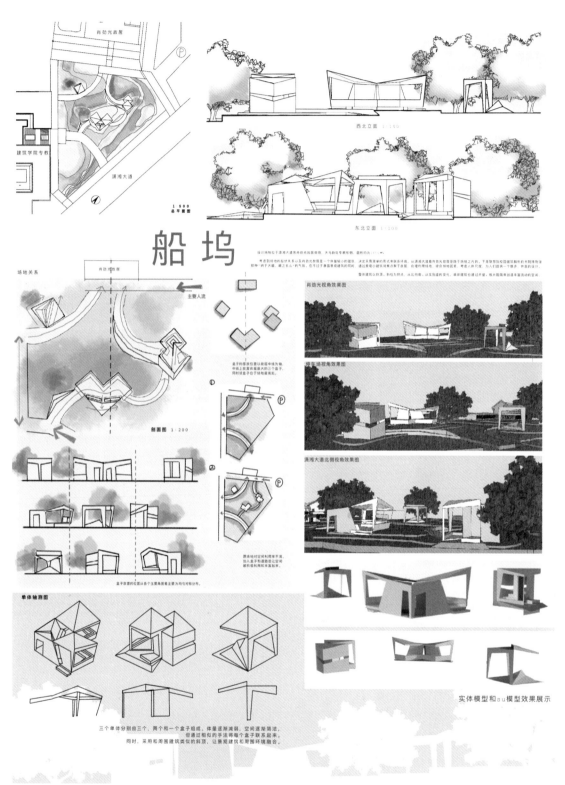

船 坞

学生：邹佳怡

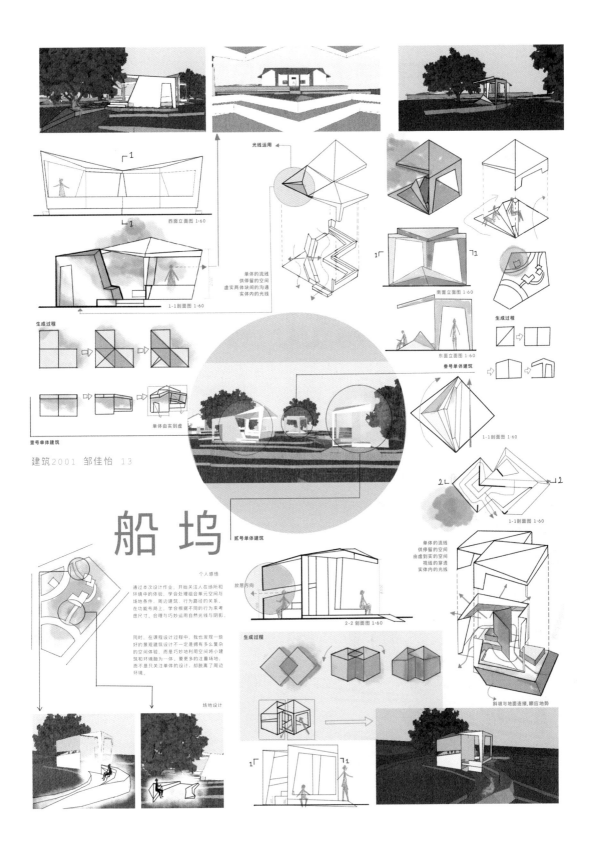

光线运用

西面立面图 1:60

单体的流线
供停留的空间
虚实两体块间的沟通
实体内的光线

1-1剖面图 1:60

生成过程

单体由实到虚

壹号单体建筑

南面立面图 1:60

贰号单体建筑

东面立面图 1:60

生成过程

建筑2001 邹佳怡 13

船坞

个人感悟

通过本次设计作业，开始关注人在场所和环境中的体验，学会处理组合单元空间与场地条件、周边建筑、行为路径的关系。在功能布局上，学会根据不同的行为来考虑尺寸，会理与巧妙运用自然光线与阴影。

同时，在课程设计过程中，我也发现一些好的景观建筑设计不一定是拥有多么复杂的空间体验，而是巧妙地利用空间将小建筑和环境融为一体，需要多的注重场地，而不是只关注单体的设计，却脱离了周边环境。

放居内向

2-2剖面图 1:60

生成过程

场地设计

1-1剖面图 1:60

1-1剖面图 1:60

单体的流线
供停留的空间
由虚到实的空间
视线的穿透
实体内的光线

斜坡与地面连接，顺应地势

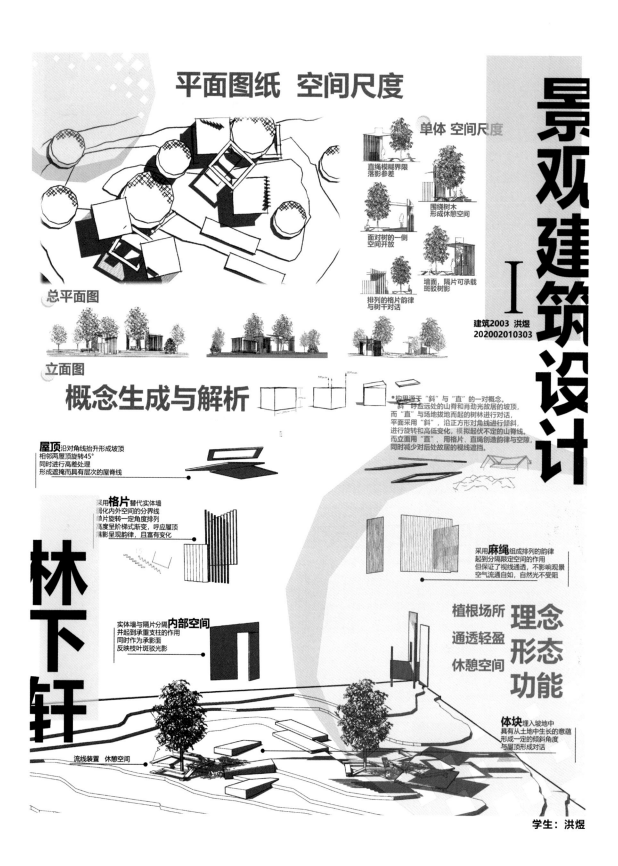

平面图纸　空间尺度

单体 空间尺度

景观建筑设计

直绳模糊界限
落影参差

围绕树木
形成休憩空间

面对树的一侧
空间开放

墙面，隔片可承载
斑驳树影

排列的格片韵律
与树干对话

总平面图

立面图

I

建筑2003 洪煜
202002010303

概念生成与解析

构思源于"斜"与"直"的一对概念。
"斜"呼应远处的山脊和肖劲光故居的坡顶，
而"直"与场地拔地而起的树林进行对话，
平面采用"斜"，沿正方形对角线进行倾斜，
进行旋转和高低变化，模拟起伏不定的山脊线，
而立面用"直"，用格片、直绳创造韵律与空隙，
同时减少对后处故居的视线遮挡。

屋顶沿对角线抬升形成坡顶
相邻两屋顶旋转45°
同时进行高差处理
形成遮掩而具有层次的屋脊线

采用**格片**替代实体墙
弱化内外空间的分界线
格片旋转一定角度排列
高度呈阶梯式渐变，呼应屋顶
落影呈现韵律，且富有变化

采用**麻绳**组成排列的韵律
起到分隔限定空间的作用
但保证了视线通透，不影响观景
空气流通自如，自然光不受阻

实体墙与隔片分隔**内部空间**
并起到承重支柱的作用
同时作为投影面
反映枝叶斑驳光影

植根场所
通透轻盈
休憩空间

理念
形态
功能

体块埋入坡地中
具有从土地中生长的意蕴
形成一定的倾斜角度
与屋顶形成对话

林下轩

流线装置　休憩空间

学生：洪煜

景观建筑设计

II

建筑2003 洪煜
202002010303

专题四：功能与行为——日常感知模块
Topic 4:Function and Behavior—Daily Perception Module

开课学期：大一春季学期

Semester: Spring semester of first grade

4-1 建筑名作解析

Architectural Masterpieces Analysis

4-2 "校园中的家" —— 大学生寝室设计

"Home on Campus" – College Student Dormitory Design

4-3 校园微建构

Campus Micro-Construction

教师团队

Teacher team

钟力力　　　邹敏　　　　章为
Zhong Lili　　Zou Min　　　Zhang Wei

齐靖　　　　陈娜　　　　胡骉
Qi Jing　　　Chen Na　　　Hu Biao

课程介绍
Course introduction

以场所认知为重点，在空间构成的基础上，用一组连续、渐变的构筑物或小品来完成某种主题的微建筑设计课题。

1 教学目标

通过对经典建筑作品的全面认识，初步了解现代建筑流派与建筑大师，体会设计理念与作品的内在关联，理解建筑学两大重要概念——功能与形式的关系，初步认识建筑与文化、建筑与人、建筑与技术、建筑与气候等关系。寝室改造是"功能—空间"由内而外的建筑设计，应掌握"整体—局部—整体"设计思维过程；理解行为、尺度、功能、空间之间的关系，了解居住空间的"动与静""干与湿""私密与公共"的功能特性及"卫—浴—厨—寝"的最集约尺度，进一步认识以人体为尺度的建筑空间。
微建构是基于材料性能与模型建构的实体建造设计，以模型为主要设计手段，通过材料建造实现空间搭建。强调建造活动的本质和设计过程，通过行为体验提升对材料结构逻辑性和空间美感的认知。

2 教学进阶

2.1 作品的解读分析：选择一现代的经典建筑，规模为中小型，性质为住宅或展馆等公建。根据作品特点，从环境与场所、交通与流线、材料等多方面分析，了解环境、设计理念等对功能定位、空间、建筑形体的影响，提出自己的理解。

2.2 功能的空间表达：将居住的寝室单元适度改造，提升寝室的居住品质，实现就寝、卫浴、学习、收纳、交流等功能，明确动静分区，避免寝、浴、厕私密活动与交往娱乐活动之间相互干扰；营造符合大学生的个性空间与交往空间，并合理、集约、经济地利用空间。

2.3 材料的模型建构：限定时间内现场实体搭建，由学生自己完成概念，通过一定材料来进行模型建造，实现建筑物体的设计与施工。课程使学生更真切地感受真实的材料、结构、空间、尺度，更好地理解建筑设计中的现实制约因素，更深刻地认识概念与建成实体之间的差别，体验从设计到材料，再到模型建构、空间认知，最后到完成建造并使用的全过程，掌握空间语言系统，如建构、形体、操作、观察、层次、连接等内容。

Focusing on place cognition, on the basis of space composition, a group of continuous and gradual structures or sketches are used to complete the micro architectural design subject of a certain theme.

1 Teaching objectives

Through a comprehensive understanding of classical architectural works, we can preliminarily understand the modern architectural schools and architectural masters, experience the internal relationship between design ideas and works, understand the relationship between the two important concepts of architecture – function and form, and preliminarily understand the relationship between architecture and culture, architecture and people, architecture and technology, architecture and climate. Dormitory transformation is an architectural design of "function space" from inside to outside. We should master the design thinking process of "whole part whole"; Understand the relationship among behavior, scale, function and space, understand the functional characteristics of "dynamic and static", "dry and wet", "private and public" of residential space and the most intensive scale of "toilet bathroom kitchen bedroom", and further understand the architectural space with human body as the scale. Micro construction is an entity construction design based on material performance and model construction. It takes model as the main design means to realize space construction through material construction. Emphasize the essence and design process of construction activities, and improve the cognition of material structure logic and spatial beauty through behavioral experience.

2 Advanced teaching

2.1 Interpretation and analysis of works: select a modern classic building, small and medium-sized, and public buildings such as residential buildings or exhibition halls. According to the characteristics of the work, analyze the environment and place, traffic and streamline, materials and other aspects, understand the impact of environment and design concept on functional positioning, space and architectural form, and put forward their own understanding.

2.2 Spatial expression of function: moderately transform the living bedroom unit, improve the living quality of the bedroom, realize the functions of bedtime, bathroom, learning, storage and communication, clarify the dynamic and static zoning, and avoid mutual interference between private activities of bedroom, bath and toilet and communication and entertainment activities; Create a personality space and communication space in line with college students, and make rational, intensive and economic use of space.

2.3 Material model construction: the on-site entity is built within a limited time, and the students complete the concept, build the model through certain materials, and realize the design and construction of building objects. The course enables students to more truly feel the real materials, structure, space and scale, better understand the realistic constraints in architectural design, more deeply understand the differences between concepts and built entities, experience the whole process from design to materials, to model construction, spatial cognition, to completion of construction and use, and master the spatial language system, such as construction, form, operation observation, hierarchy, connection, etc.

作业题目： 建筑名作解析
指导老师： 钟力力、邹敏、章为
学　　生： 王悦鑫、王俐珑、和译、李裕萱、宋筱彤、
　　　　　　王华秋、周妍、吴依凡

Assignment Title: Architectural Masterpieces Analysis
Instructors: Zhong Lili, Zou Min, Zhang Wei
Students: Wang Yuexin, Wang Lilong, He Yi, Li Yuxuan,Song Xiaotong,
Wang Huaqiu, Zhou Yan, Wu Yifan

目的
通过对建筑名作的手工模型与图纸分析，使学生初步了
解并掌握基本的设计方法和步骤，培养学生专业思考、
分析设计、解读建筑的能力，以及良好的空间构思、立
体造型的素质；并对建筑与文化、建筑与人、建筑与技术、
建筑与气候等关系有初步的了解。

Objective
Through the analysis of the manual models and drawings of famous
architectural works, the students can preliminarily understand
and master the basic design methods and steps, and train the
students' ability of professional thinking, analysis and design, and
interpretation of architecture, as well as the quality of good space
conception and three-dimensional modeling; Besides, make them
have a preliminary understanding of the relationship between
architecture and culture, architecture and people, architecture and
technology, architecture and climate.

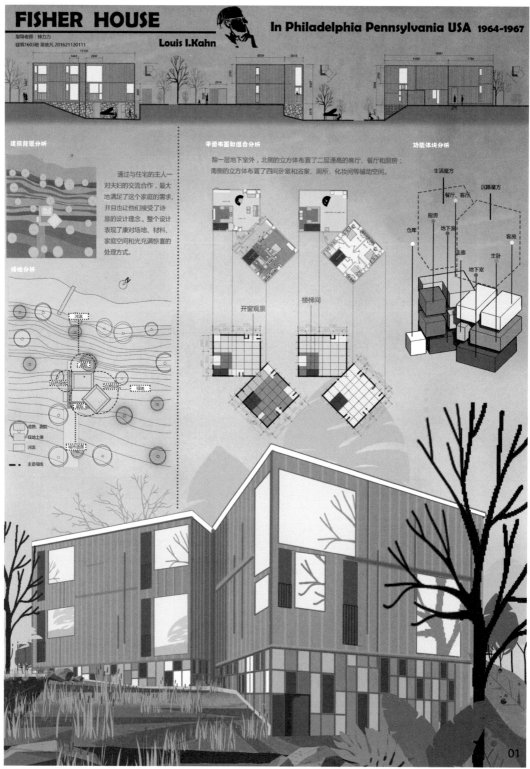

FISHER HOUSE

Louis I.Kahn

In Philadelphia Pennsylvania USA 1964-1967

指导老师：种力力
建筑1603班 吴依凡，201621120111

建筑背景分析

通过与住宅的主人一对夫妇的交流合作，最大地满足了这个家庭的需求，并且也让他们接受了诗意的设计理念，整个设计表现了康对场地、材料、家庭空间和光充满惊喜的处理方式。

场地分析

平面布置和组合分析

除一层地下室外，北侧的立方体布置了二层通高的客厅、餐厅和厨房；南侧的立方体布置了四间卧室和浴室、厕所、化妆间等辅助空间。

开窗观景

楼梯间

功能体块分析

01

学生：吴依凡

FISHER HOUSE

Louis I.Kahn

In Philadelphia Pennsylvania USA 1964-1967

指导老师：钟力力
建筑1603班 吴依凡，201621120111

美洲，北美，美国
38300 ㎡
文化设施

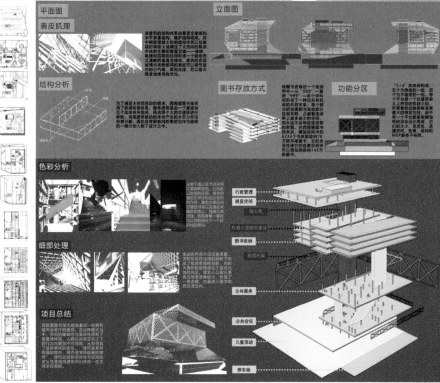

学生：宋筱彤

70

The Therme Vals

浴之四感——瓦尔斯温泉浴场

建筑名作解析

建筑1903班 21 李裕萱

【空间生成】

【场地分析】

【空间起源】

【平面构图分析】

【暖通与排水分析】

温

【材料】

触

【空间氛围】

【交通流线分析】

【对比分析】

瓦尔斯温泉浴场

【阴影分析】

学生：李裕萱

71

本·范·伯克尔
莫比乌斯住宅
MöBIUS HOUSE
UN STUDIO

立面图 & 模型
Vertical Views & Models

左立面

右立面

前立面

后立面

概念
Concept

Möbius strip: 莫比乌斯环
将一根纸带的两端扭转180°再粘接起来就形成了具象的莫比乌斯带，形如被拉长的阿拉伯数字"8"。一只蚂蚁能够不越过棱就可以从纸上的任何一点到达其他任何点。
它在每个局部上都有两个面，但整条带子却只有一个无限的连续的面。

莫比乌斯环的设计最大特点是构成了时间与空间的微妙平衡。

要素
Elements

Foundation: 基本位置
莫比乌斯住宅坐落在两条河之间的一个半岛上，环绕着树木、草地和荒石，地基镶嵌在一个小土坡上。

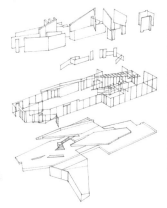

BASEMENT PLAN

GROUNDFLOOR PLAN

FIRSTFLOOR PLAN

Analysis：结构分析
如图所示，莫比乌斯住宅分为三层，包括镶嵌在土坡上的地下室，有两间独立的工作室以及不同位置的起居间和卧室。
莫比乌斯带的流动性体被现为折形的轮廓，创造出奇妙的内部空间体验；内部空间的轴线和外部形态的环状相互呼应。
大面积的玻璃墙和莫比乌斯路径的运用，使自然美景延伸到住宅内部成为生活的一部分，使一直在住宅内生活工作的主人亲临自然。

学生：王华秋

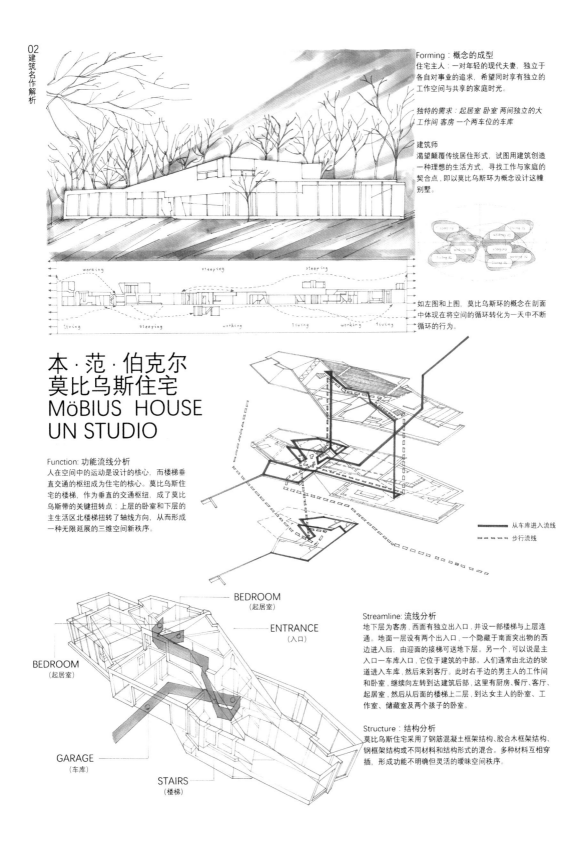

Forming：概念的成型
住宅主人：一对年轻的现代夫妻，独立于各自对事业的追求，希望同时享有独立的工作空间与共享的家庭时光。

独特的需求：起居室 卧室 两间独立的大工作间 客房 一个两车位的车库

建筑师
渴望颠覆传统居住形式，试图用建筑创造一种理想的生活方式，寻找工作与家庭的契合点，即以莫比乌斯环为概念设计这幢别墅。

如左图和上图，莫比乌斯环的概念在剖面中体现为将空间的循环转化为一天中不断循环的行为。

本·范·伯克尔
莫比乌斯住宅
MöBIUS HOUSE
UN STUDIO

Function: 功能流线分析
人在空间中的运动是设计的核心，而楼梯垂直交通的枢纽成为住宅的核心。莫比乌斯住宅的楼梯，作为垂直的交通枢纽，成了莫比乌斯带的关键扭转点：上层的卧室和下层的主生活区北楼梯扭转了轴线方向，从而形成一种无限延展的三维空间新秩序。

—— 从车库进入流线
- - - 步行流线

BEDROOM
（起居室）

ENTRANCE
（入口）

BEDROOM
（起居室）

GARAGE
（车库）

STAIRS
（楼梯）

Streamline: 流线分析
地下层为客房，西面有独立出入口，并设一部楼梯与上层连通。地面一层设有两个出入口，一个隐藏于南面突出物的西边进入后，由迎面的接梯可送地下层。另一个，可以说是主入口——车库入口，它位于建筑的中部。人们通常由北边的驶道进入车库，然后来到客厅。此时右手边的男主人的工作间和卧室，继续向左转到达建筑后部，这里有厨房、餐厅、客厅、起居室，然后从后面的楼梯上二层，到达女主人的卧室、工作室、储藏室及两个孩子的卧室。

Structure: 结构分析
莫比乌斯住宅采用了钢筋混凝土框架结构、胶合木框架结构、钢框架结构或不同材料和结构形式的混合。多种材料互相穿插，形成功能不明确但灵活的暧昧空间秩序。

01 李子林住宅 | 建筑名作解析 House In A Plum Grove

王悦鑫 建筑1804
201817020325

建筑与场地

大区位：日本东京郊区

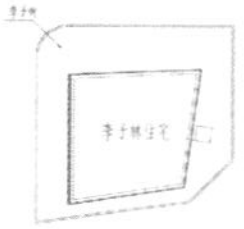

小区位：位于街角处，周围被一排排的李子树所环绕

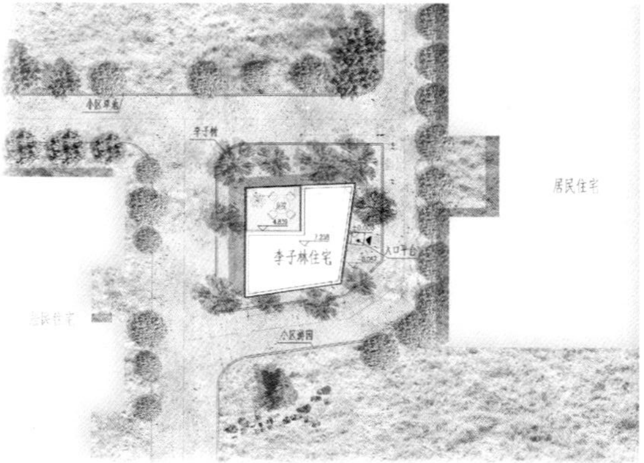
居民住宅
李子林住宅
入口平台
小区通道

总平面图

基本形体

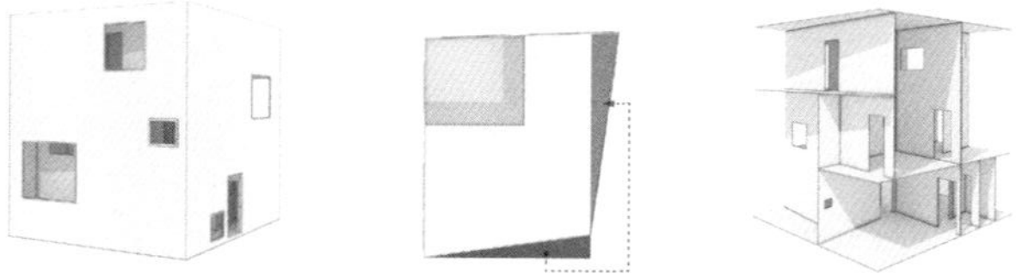

简单纯白色的不规则的六面体，四个立面平整，几乎没有多余的凹凸或变化。

利用街角处转折大于90度设计，外形采用了一种斜边大于90°的钝角形状，使建筑与基地形成一种富有张力的关系，贴合地形。

内部分为三层，近似梯形的平面被三道内隔断墙划分。

承继关系

竹菊清训-天空住宅

竹菊清训设计的天空住宅（Sky House）是妹岛和世决定学习建筑的最初原因

伊东丰雄-仙台媒体中心

继承了伊东丰雄建筑形式的“不确定性”、轻盈飘逸的建筑语言

雷姆·库哈斯-北京 CCTV 大楼

受到雷姆·库哈斯设计方法和功能的“不确定性”思想的影响

石上纯也-极致的自然

石上纯也的作品沿袭了妹岛和世内外空间暧昧化的风格

立面分析

在四个立面上开了大小不一的12个窗和2个门。4 个立面均为无任何装饰的白墙，门窗洞口准确反映着内部功能的需要，一些大面积开窗甚至被设置为不可开启式，以便取消原本必要的分割窗框。

构造和材料

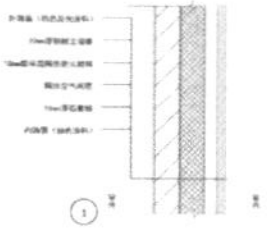

采用轻钢结构体系，薄钢板作为主要支撑结构。舍内的隔墙（钢板）厚度只有16mm，最厚的外墙也只有50mm，所有的保温层都不超过30mm。

色彩纯白，整个建筑简洁、飘逸、轻盈。最外层涂的是反射材料，轻盈透明。

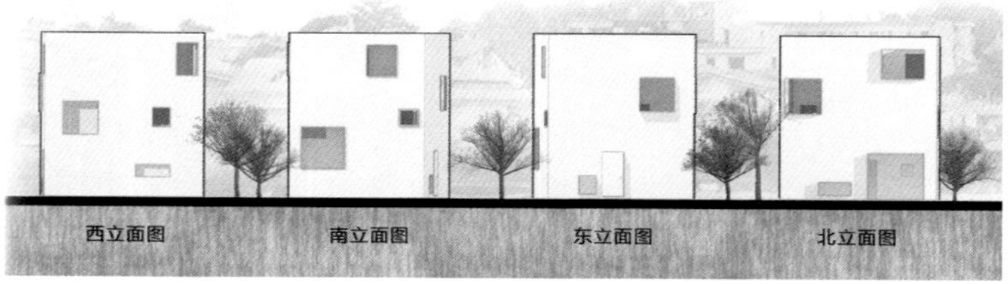
西立面图
南立面图
东立面图
北立面图

建筑师简介

妹岛和世，1956年出生于日本茨城县。

1981年进入伊东丰雄的建筑事务所；1995年与西泽立卫创立了自己的事务所——SANAA建筑设计事务所。

2010年，与西泽立卫一起荣获象征建筑学最高荣誉的普利兹克奖，成为了世界上首个威尼斯建筑双年展的女性策展人。

白色、透明、轻盈、飘逸的建筑语言；极少主义的风格，强调内部空间的渗透、流动；突破常规的功能分析的循规蹈矩，反对程序化和刻板；注重平面对人的行为影响。

建筑概况

时间：
建造完成于2003年
面积：
基地总面积92.3㎡
建筑面积77.68㎡
建筑类型：小型住宅
位置环境：
日本东京郊区

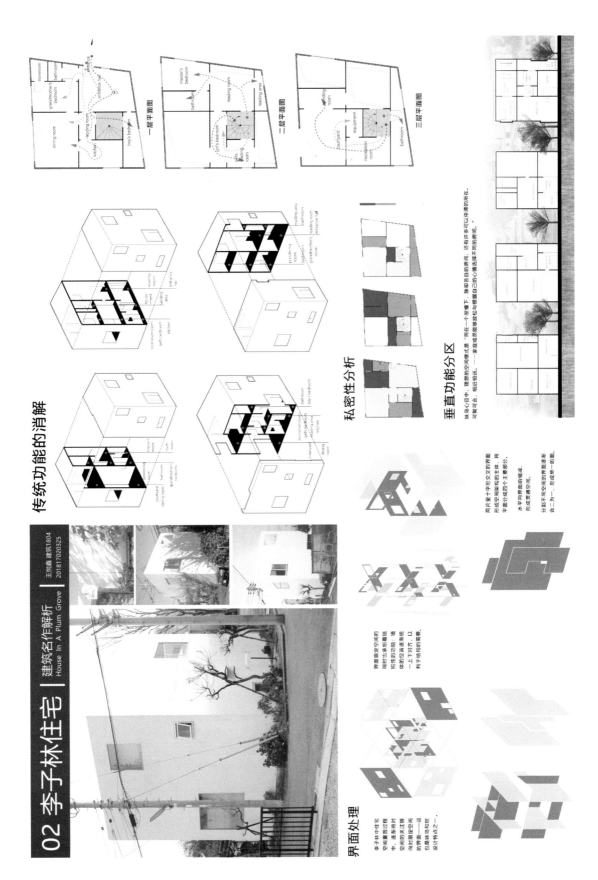

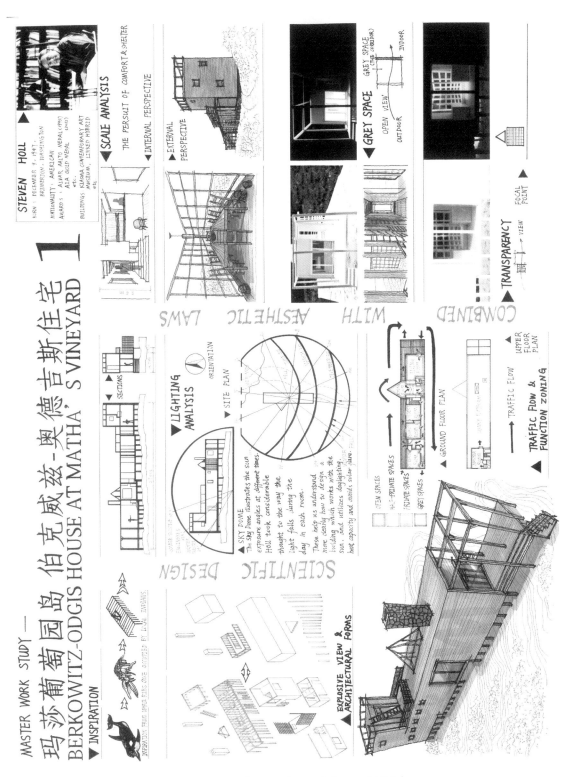

MASTER WORK STUDY —

玛莎葡萄园岛 伯克威兹-奥德吉斯住宅 1
BERKOWITZ-ODGIS HOUSE AT MATHA'S VINEYARD 1

▶ INSPIRATION

INSPIRATION FROM WHALE RIBS ONCE ORGANIZED BY LOCAL INDIANS.

STEVEN HOLL
BORN : DECEMBER 9, 1947.
BREMERTON, WASHINGTON
NATIONALITY : AMERICAN
AWARDS : ALVAR AALTO MEDAL (1998)
AIA GOLD MEDAL (2012)
etc.
BUILDINGS : KIASMA CONTEMPORARY ART
MUSEUM, LINKED HYBRID
etc.

▶ SCALE ANALYSIS
THE PERSUIT OF COMFORT & SHELTER

▶ INTERNAL PERSPECTIVE

▶ EXTERNAL PERSPECTIVE

GREY SPACE
OPEN VIEW
OUTDOOR — INDOOR

GREY SPACE (THE CORRIDOR)

▶ TRANSPARENCY
VIEW
FOCAL POINT

COMBINED WITH AESTHETIC LAWS

▶ LIGHTING ANALYSIS
ORIENTATION

▶ SITE PLAN

SECTIONS

▶ SKY DOME
The Sky Dome illustrates the sun exposure angles at different times. Holl took considerable thought to the way the light falls during the day in each room.

These help us understand more clearly how to design a building which works with the sun, and utilizes daylighting, heat capacity and avoids solar glare etc.

SCIENTIFIC DESIGN

GROUND FLOOR PLAN

OPEN SPACES
SEMI-PRIVATE SPACES
PRIVATE SPACES
GREY SPACES

▶ TRAFFIC FLOW & FUNCTION ZONING

TRAFFIC FLOW

UPPER FLOOR PLAN

▶ EXPLOSIVE VIEW & ARCHITECTURAL FORMS

NO.1 ADAPT TO LIVING NEEDS

77

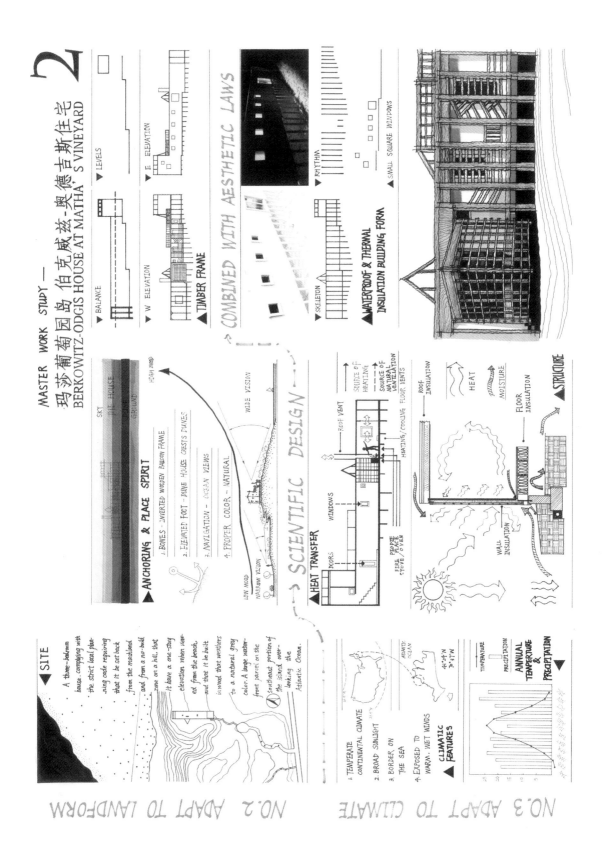

MASTER WORK STUDY —

玛莎葡萄园岛 伯克威兹-奥德吉斯住宅
BERKOWITZ-ODGIS HOUSE AT MATHA'S VINEYARD

▶ BALANCE

▶ LEVELS

▶ W. ELEVATION

▶ E. ELEVATION

▲ TIMBER FRAME

→ COMBINED WITH AESTHETIC LAWS

▶ SKELETON

▶ RHYTHM

▲ SMALL SQUARE WINDOWS

▲ WATERPROOF & THERMAL
INSULATION BUILDING FORM

SKY
THE HOUSE
ZONE
GROUND
HIGH MIND

▲ ANCHORING & PLACE SPIRIT

1. BONES - INVERTED WOODEN BALLOON FRAME
2. ELEVATED FOOT - PINE HOUSE CRESTS PANES
3. NAVIGATION - OCEAN VIEWS
4. PROPER COLOR - NATURAL

WIDE VISION

LOW MIND
NARROW VISION

→ SCIENTIFIC DESIGN →

▲ HEAT TRANSFER

ROOF VENT

WINDOWS

SOURCE OF
HEATING

SOURCE OF
NATURAL
VENTILATION

HEATING/COOLING FLOOR VENTS

DORS

FIRE
PLACE
STOVE/OVEN

PEOPLE
PLACE

ROOF
INSULATION

HEAT

MOISTURE

FLOOR
INSULATION

WALL
INSULATION

▲ STRUCTURE

▲ SITE

A three-bedroom
house, complying with
the strict local plan-
ning code requiring
that it be set back
from the mainland
and from a newly-built
it have a one-story
elevation when view-
ed from the beach,
and that it be built
in wood that weathers
to a natural grey
color. A large water-
front parcel on the
southeast portion of
the island over-
looking the
Atlantic Ocean.

CLIMATIC FEATURES

1. TEMPERATE
CONTINENTAL CLIMATE
2. BROAD SUNLIGHT
3. BORDER ON
THE SEA
4. EXPOSED TO
WARM, WET WINDS

ATLANTIC
OCEAN

41°24'N
70°37'W

▼ ANNUAL
TEMPERATURE &
PRECIPITATION

TEMPERATURE
PRECIPITATION

NO.2 ADAPT TO LANDFORM

NO.3 ADAPT TO CLIMATE

78

学生：周妍

3

MASTER WORK STUDY —

玛莎葡萄园岛 伯克威兹-奥德吉斯住宅
BERKOWITZ-ODGIS HOUSE AT MATHA'S VINEYARD

▶ INSULATION

1. THERMAL MASS   Lightweight framed construction has low thermal mass and is therefore unable to store massive heat on coolth. This can be an advantage in such a warm and humid climate.

2. SOUND INSULATION   Multiple acoustic board layers to achieve various levels of noise insulation. (e.g. Plywood, sheetrock and rubbery based materials). High loss material is effective in reducing the transmission of impact sounds.

▶ SUSTAINABILITY

TIMBER   Timber from sustainable sources provide a renewable building material that takes in carbon from the atmosphere while growing and stores it for the life of the building. Timber maintains structural integrity longer than steel.

▶ ADVANTAGES

Particularly suited to creating effective, flexible design solutions to the challenges of steep sites and reactive soils.

▶ DISADVANTAGES & SOLUTIONS

1. To avoid termite attack by using chemical or a physical barriers.
2. Timber deteriorates with weathering while designmade taining and rainproof cladding can solve this problem.

▶ THOUGHTS

In the design of Berkowitz-Odgis house, I found that building form, orientation, indoor spaces are applied as they were related to sun, wind, site, bioclimatic design, passive solar design, natural cooling and daylighting. It was Steven Holl's first truly influential building. Though it was tragically toared down by the owners of the very end, it left deep impression on me.

SCIENTIFIC DESIGN

▶ MATERIALS

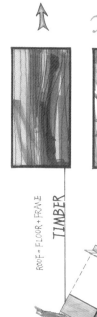
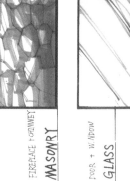

ROOF + FLOOR + FRAME
TIMBER

FIREPLACE + CHIMNEY
MASONRY

DOOR + WINDOW
GLASS

NO.4 MATERIAL PROPERTY

▶ MODELING PROCESS

MODELING MATERIALS:
PVC BOARDS
UHU GLUE
502 GLUE

W. ELEVATION
1. WALLS
2. SKELETON
3. ROOF
4. DISMANTLE

E. ELEVATION

NO.5 MODELING

ROOF

DETAILS

ROOF PLAN

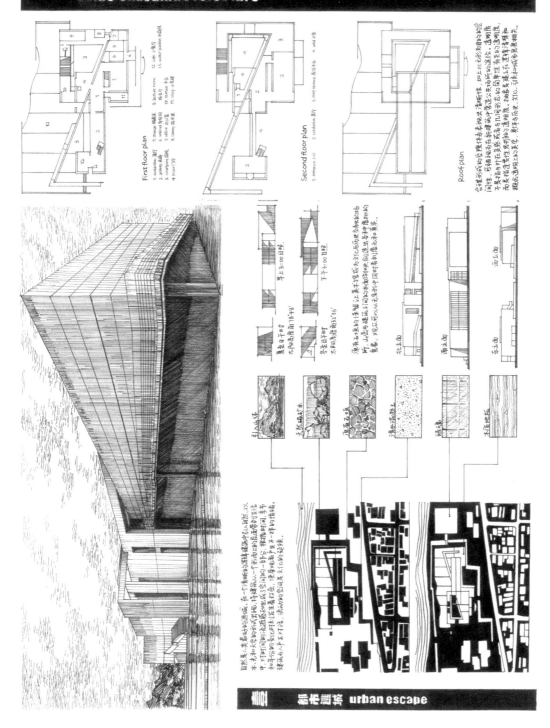

成用美术馆
Ando Okayama Prefecture
Nariwa Museum 1993-1994

First floor plan

1. exhibition 展厅
2. gallery 画廊
3. courtyard 回廊
4. foyer 门厅
5. lecture room
6. unload 卸货区域
7. office 办公室
8. library 图书室
9. toilet 卫生间
10. statue 雕塑
11. living 小隔间
12. storage 储藏室
13. water pavilion 水陈列

Second floor plan

1. entrance 入口
2. exhibition 展厅
3. roof terrace 屋顶平台
4. void 空隙

Roof plan

urban escape

成羽美术馆 Nariwa Museum 1993-1994
Ando Okayama Prefecture

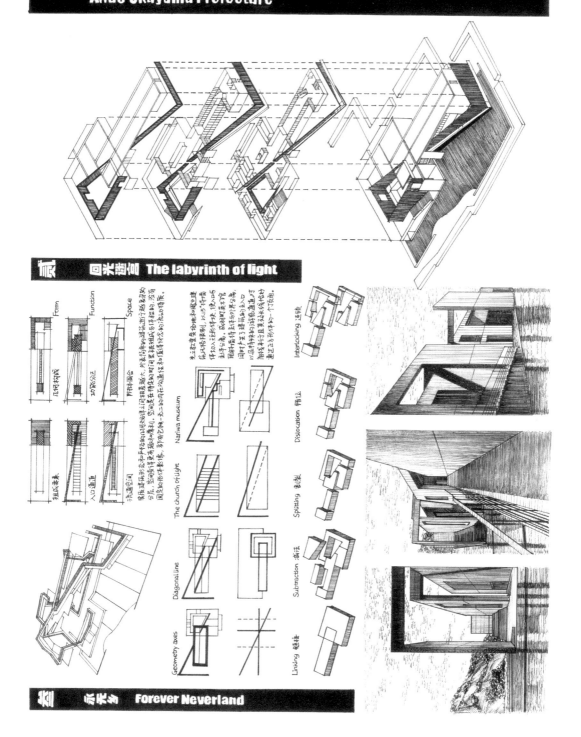

学生：和洋

贰 回光迷宫 The labyrinth of light

Form / Function / Space

- 瓦面构成
- 功能构成
- 材料围合
- 功能重素
- 入口流线
- 示意流间

Nariwa museum

The church of light

Interlocking 连接
Dislocation 错位
Splitting 劈裂
Subtraction 减法
Linking 链接

Diagonal line
Geometry axes

叁 永无乡 Forever Neverland

教案题目： 寝室 + 大学生居住单元设计
教案编写： 章为、钟力力、邹敏、齐靖、胡骉、陈娜

Lesson Plan Topic : Dormitory + College Student Living Unit Design

Lesson Plan Compilation: Zhang Wei, Zhong Lili, Zou min, Qi Jing, Hu Biao, Chen Na

1 教学目标

1.1 培养学生善于通过观察在日常生活中发现问题，并尝试用建筑设计的思维和方法去解决现实问题的能力。

1.2 结合人体工程学的基本知识，通过在限定的内部空间对空间重新设计，认识和了解人在寝室中的活动流线，空间的大小、位置和朝向与行为事件的关系。

1.3 了解空间的限定方式：闭合与开敞，私密性与公共性。

1.4 了解空间内部基本构建墙体、地面、天花板、踏步、楼梯、梁柱。

1.5 能运用草图模型等手段进行设计构思，通过制作手工模型掌握空间的尺度与比例关系。

2 教学方法

2.1 感知日常观察 - 思考 - 解决

观察和审视所在的日常生活环境，体会与认知建筑空间、人的尺度及行为等概念的内涵及意义。

思考寝居行为与空间形态、功能、尺度之间的关联，以及如何在设计中合理地安排各自之间的关系。

2.2 认知空间功能 - 尺度 - 形态

运用空间构成原理与手法，学习建构与功能协调的空间关系。

将设计构思用文字、草图、模型表现出来，从中感受到空间的各种特性，培养空间塑造能力。

1 Teaching Objectives

1.1 Train students to be good at finding problems in daily life through observation, and try to solve practical problems with the thinking and methods of architectural design.

1.2 Combining with the basic knowledge of ergonomics, through the space redesign in the limited internal space, understand the flow line of people's activities in the dormitory, the relationship between the size, position and orientation of space and behavioral events.

1.3 Understand the defining ways of space: closure and openness, privacy and publicity.

1.4 Understand the basic structure of wall, ground, ceiling, stepping, stairs, beams and columns in the space.

1.5 Be able to use sketch model and other means to design ideas, and master the scale and proportion of space by making manual models.

2 Teaching Methods

2.1 Perception and observation of daily life-thinking- solution
Observe and examine the daily living environment, experience and recognize the connotation and significance of architectural space, human scale and behavior.

Consider the relationship between dwelling behavior and spatial form, function and scale, and how to arrange the relationship among them reasonably in the design.

2.2 Cognition of spatial function - scale - form
Learning the spatial relationship between construction and function coordination by using the principles and techniques of spatial composition; Express the design ideas with words, sketches and models to feel the various characteristics of space and cultivate the ability of space shaping.

一 教学体系

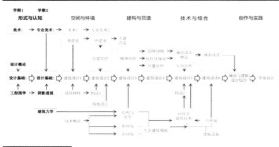

学期1	学期2			
形式与认知	空间与环境	建构与营造	技术与综合	创作与实践

二 课程体系

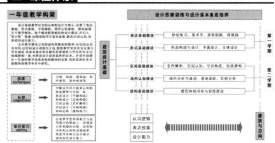

一年级教学构架

设计思维训练与设计基本素质培养

三 课程专题

认知专题

建筑作品解析的方法与表达

掌握建筑作品的调研、分析；熟悉建筑作品解析的分析与表达，如：思想与背景、基地与环境、功能与形态、空间与表达、立面与光环；了解绘制图与模型制作相结合。

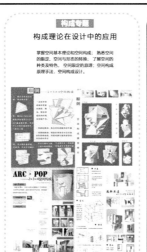

构成专题

构成理论在设计中的应用

掌握空间基本理论和空间构成；熟悉空间的限定、空间与形态的转换；了解空间的种类与特色，空间限定的原理、空间构成的原理与手法、空间构成设计。

设计专题

小建筑的设计方法与表达

掌握小建筑的空间设计，掌握关于功能的理解；熟悉小建筑的功能置入空间；空间设计中引入尺度概念，了解小建筑的设计构思、进行分析与设计；建筑尺度；空间与功能的关系。

建造专题

材料实体性能实验

认识材料特性（材料的视觉与触觉效果、物理性质、加工方法、表现肌理）；了解结构构造（结构稳定性、构造逻辑性、节点规范性）；空间尺度与行为（满足站、坐、卧行尺度要求）。

四 教学目标

1. 培养学生通过观察在日常生活中发现问题，并尝试用建筑设计的思维与和方法去解决现实的问题的能力。
2. 结合人体工程学的基本知识，通过在限定的内部空间里对空间重新设计，认识和了解人在寝室中的活动流线、空间的大小、位置和朝向与行为事件的关系。
3. 了解空间的限定方式：闭合与开敞、私密性与公共性。
4. 了解空间的部面表示方式：墙体、地面、天花板、露步、楼梯、梁柱；
5. 能将空间正交路径作为空间形式组织的手段；
6. 能运用草图模型等手段进行设计构思，通过制作手工模型掌握空间的尺度与比例关系。

五 教学方法

感知日常 观察---思考—解决
1. 观察和审视所在的日常生活环境，体会与认知空间、人的尺度及行为等概念的内涵及意义；
2. 思考居行为与空间形态、功能、尺度之间的关系，以及如何在设计中合理地安排各者之间的关系。

认知空间 功能—尺度---形态
1. 运用空间构成原理与手法，学习建构与功能协调的空间关系；
2. 将设计构思用文字、草图、模型表现出来，从中感受到空间的各种特性，培养空间塑造能力。

六 课程题目与设置

题目选择：
校园中与大学生日常生活最密切、居住时间最长的空间就是寝室空间。寝室是大学生在校园中最熟知的"家"，它除了承担最基本的生活功能，还要解决学习、交往、娱乐等居住功能之外更丰富的、拓展性更强、可能更大的功能。同时，大学生寝室可被视作被看在宿舍楼内的空间单元，符合设计基础训练应该具有限定性的、可体验的和感知的特征，因此选择寝室寝室作为训练内容。

题目背景：
现代大学校园以"90、00"后的学生为主体，这一群体对校园生活的需求不同。以往仅仅以"就寝"需求作为设计目标而其他日常活动沦为附属功能的宿舍已经越来越越满足学生日益丰富的校园生活需求。2001年教育部发布相关文件提高了人均面积指标，以适应不断增长的宿舍复合和交往空间的需求，但居室成员间不同活动物繁多干扰、缺乏私人空间等的弊端并没有从根本上解决。为了解决大学生寝室存在的现状问题，拟选取同学们居住的寝室进行改造设计。

设计内容及要求：
1. 寝室单元设计：从目前居住长（7.2m）×宽（4.2m）×高（3.3m）为一基本的寝室单元（图1）扩大到2-3个寝室单元的体积来设计一个同时居住着4个住户，满足晨、卫浴、学习、收纳、交流、冥想、园艺等功能的舒适、新颖寝室居所。
2. 寝室单元位置选择：在寝室单元所在的楼层可自由选择，也可以跃层，也可以跃层，位置在一层，位置在一楼的可利用向外延伸3m的庭院空间，在顶层的可向上延伸至屋顶天台空间。根据以上要求设计出在本栋宿舍中多种寝室单元的位置（图2）。要求不限改变大门、楼梯间、传达室等公用空间位置的条件下，考虑每种位置在功能上的特点，并选择其中一种作为自己采用的位置。

评分要求：
1. 图纸：技术图纸表达正确、方案合理丰富有创意60%
2. 过程控制：a.各阶段图纸按时完成，按时交图5%
   b.(1.2.3草图、正图) 15%
3. 制图正确规范10%、方案构思合理新颖10%

自主阅读资料：
《人体工程学与建筑设计》 《建筑设计资料集》
《建筑初步设计》 《建筑师的家》田中元子
《柯布西耶的100个住宅》 《模型》柯布西耶
MVRDV学生住宅 柯布西耶马赛公寓等

图纸内容及要求：
1. 以3-4人为一个小组前期调研与讨论；每人设计一个寝室单元方案和位置方案，A2图纸不少于2张；
2. 图纸内容：包括但不限于
1）设计说明：包括简明的设计思路文字和构思过程，行为分析等，简单技术指标（总面积、层高、容纳人数各种功能面积）等；
2）总平面图(1:200或1:300)：整栋宿舍的外环境、道路、内庭院景观设计；
3）各层平面图及屋顶平面图(1:50-100)：注意线形配置、各种符号标识、字体及字体大小配置、配景画法，图纸能通过线形搭配在平面图中准确地反映空间信息；
4）寝室单元横、纵剖面图(1:50-100)：表达空间关系、空间形态与行为之间的关系，注意线形配置，至少各一个；
5）轴测图和设计分析图：至少各一个，反映内部空间关系和设计特点及逻辑；
6）室内效果图：表达方式不限，建议手绘，反映空间与行为、尺度的关系。应透视准确、颜色搭配和谐，注意建筑材料的表达方式；室内透视图宜选择空间变化丰富的视图；
7）手工模型(1:20-1:50比例)：清楚地表达寝室单元的内部空间关系；色彩、材料的表现可适当简化、抽象，应通过不同模型材料、色彩的创造性的搭配、使用，准确地传达设计思路。模型布置入正图。

83

七 教学过程

教学进度

知识点讲授

- ·建筑设计基本方法入门
- ·课程作业3题目解读与布置

- ·人体工程学
- ·建筑基本尺度
- ·调研基本方法

- ·案例讲解评析

- ·功能与空间
- ·空间构成运用
- ·划分与组合

- ·制图表达知识1

- ·制图表达知识2

第 1 周 ·············· 解题与思考

1.寝室居住品质如何进一步提升;
2.营造更丰富的个人与交往空间;
满足个人个性化空间需求的同时,营造一个家庭化的交往氛围;
3.收集建筑案例进行解读与分析:
2-3个相关的面积约100㎡居住案例总结设计概念与思路。

第1.5周 ·············· 调研与分析

1.思考现有寝室存在哪些问题?
2.如何通过建筑学的方式提高居住品质?

第 2 周 ·············· 概念生成

绘制方案概念草图,并制作概念草模。

第2.5周 ·············· 空间塑造

1.将具体的尺寸关系带入修改草图;
2.进一步完善概念。

第 3 周 ·············· 构思深化

用学生居住行为来检验设计空间的合理性,并调整功能。

第 4 周 ·············· 综合优化

绘图的规范,表现的深度与统一、丰富。

第 5 周 ·············· 成果表达

公开评图和作业展。

教学重点、控制点

1. 掌握"行为-功能-空间"由内到外的建筑设计方法;
2. 培养"整体-局部-整体"思维。

1. 正确理解行为、尺度、功能与空间形态之间的关系;
2. 空间的合理、集约、经济利用。如高度(跃层、夹层)、家具、砖片空间等方面充分利用空间,将空间效益最大化;
3. 营造符合大学生新颖个性的空间特性。

学会从相关优秀案例中总结构思的方法。

1. 理解居住空间的"动-静""私密-半私密-公共""干-湿"的功能特性;
2. 了解"卫浴厨寝"最集约的尺度;
3. 做到动静分区明确,特别是避免谈寝、浴厕私密活动与其他交往娱乐活动之间相互干扰。

1. 徒手与软件表现方法,加强"手-脑"协同构思与分析能力;
2. 强化制图能力,能绘制正确的"平-立-剖"图。

1. 制作手工模型,提高空间感知;
2. 学习使用SU、Auto CAD等软件辅助建模。

1. 交叉讲解优秀作业,总结问题,为修改提出建议;
2. 学生从不同角度审视自己设计。

八 作业成果

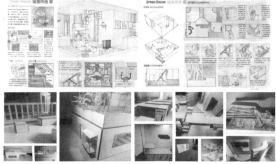
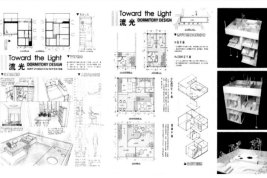

教师点评

方案构思连贯、功能考虑细致、空间设计完整。分析则采取了轴测、透视为主并结合局部透视。难能可贵的是,两图都采取钢笔手绘和淡彩渲染的表达方式,层次丰富细腻、效果别具一格。稍显不足的是:一、图纸中关键图比例偏小,核心构思、主要平面、交通流线等这种不清晰;表达以局部透视为主,轴测分析与图解较少,这使得方案的感染力大打折扣;二、限于低年级的能力储备与经验不足,技术性图纸如:总图、楼梯、空间剖面等深度不够,"重表现轻技术"毛病有待后续改进。

教师点评

该同学前期调研深入认真,对当前大学生寝室存在的不足和问题理解深入,对建筑学女生在寝室中学习、生活、交流等行为特征的分析与把握准确,因而对寝室功能的设置和空间的划分能较好地解决现有寝室的不足。再从制图表现来看,图纸平、立、剖面表达清晰、细致,钢笔淡彩的渲染得益彰。设计表达上采取了模型图片和图纸结合的方式,细节把握准确,提升了图面的效果和整体表现力。但在主题"流光"的表达上,还可进一步深化概念,并在空间营造上更体现其特质。

九 教学总结

1.作业综述

单元组合				
类型	垂直两单元组合	水平两单元组合	三单元"L"组合	垂直三单元组合
作业示例				

2.学生反馈

2018级1班同学

通过这次对寝室改造的作业,首先对人体尺度和功能分区有了更深刻的体会。建筑为人使用,所以,功能和尺度的合理性become随时在考虑之中,例如寝室设计中应该考虑动静分区、公私分区等方面;其次对空间有了更大的探索欲望。这次课程作业的一个核心便是,如何在满足基本需求的基础上,营造一个富有趣味的集体生活空间,所以在完成作业的过程中做得最多的尝试就是空间功能丰富与变化。总之,作为一次建筑设计的初体验,各方面都收获颇丰。

2018级2班同学

真正的初试设计是寝室改造,发现方案生成是所有环节里最困难的一步。不仅要定下概念基调,考虑操作手法,还要有逻辑串联。其间还需要阅读参考书籍、寻找国内外相关案例;要保守还是新颖?方案要突破到什么程度?是否都在这个逻辑框架中成立?表达要如何突出重点?开始学会自己做决定,什么时候应该坚持,什么时候应该寻求变通。我想,提高自身水平,不在于单个建筑方案的完美与否,而在于是否能将这次设计作业中所收获到的最有价值的东西,运用到下一个设计中。

84

作业题目： "校园中的家"—— 大学生寝室设计
指导老师： 钟力力、章为、邹敏、齐靖
学　　生： 李裕萱、陆禹名、王悦鑫、
　　　　　　许逸伦、和译、张越淇、刘昕宇

Assignment Title: "Home on Campus" —— College Student Dormitory Design

Instructors: Zhong Lili, Zou Min, Zhang Wei, Qi Jing

Students: Li Yuxuan, Lu Yuming, Wang Yuexin, Xu Yilun, He Yi, Zhang Yueqi, Liu Xinyu

题目背景

现代大学校园以"90、00"后的学生为主体，这一群体对校园生活的需求已不同。以往仅仅以"就寝"需求作为设计目标而其他日常活动沦为附属功能的宿舍已经越来越难以满足学生日益丰富的校园生活需求。2001年教育部发布相关文件，提高了人均面积指标，以适应不断增长的功能复合和交往空间的需求，但居室成员间不同活动相互干扰、缺乏私人空间等弊端并没有从根本上得到解决。因此需要重点思考以下方面：

1. 寝室居住品质如何进一步提升。如何做到动静分区明确，特别是如何避免寝、浴、厕私密活动与其他交往娱乐活动之间相互干扰。

2. 空间的合理、集约、经济利用。如从高度（跃层、夹层）、家具、碎片空间等方面充分利用空间，将空间效益最大化，同时又能营造符合大学生特点的新颖和个性空间。

3. 营造更丰富的个人与交往空间。满足个人个性化空间需求的同时，营造一个家庭化的交往氛围。

Background

Modern university campus is taken by mainly students of post-1990 generation and generation,this group of campus life has different needs. Dormitories that were once designed solely for the purpose of "sleeping" while other daily activities were relegated to secondary functions have become increasingly difficult to meet students' increasingly rich campus life needs. In 2001, the Ministry of Education issued relevant documents to improve the per capita area index, in order to adapt to the growing demand of functional complex and communication space, but the malpractices of different activities among bedroom members, such as mutual interference and lack of private space, have not been fundamentally solved. Therefore, we need to focus on:

1.How to further improve dormitory living quality? How to divide the dynamic and static zone clearly, especially how to avoid the interference between the private activities of sleeping, bath and toilet and other recreational activities.

2.Reasonable, intensive and economical use of space. For example, make full use of space from height (loft, mezzanine), furniture, debris space and other aspects to maximize the spatial benefit; At the same time, it can create novel and individual space in line with college students.

3.Create a richer personal and communication space.Meet the needs of individual living space and create a family atmosphere.

>行为·空间 BEHAVIOR·SPACE

o- - - ->视线

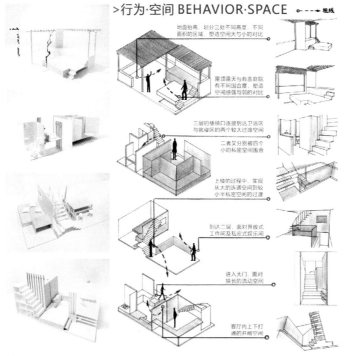

地面抬高，划分三处不同高度，不同面积的区域，塑造空间大与小的对比

屋顶露天与有盖庭院有不同围合度，塑造空间感强与弱的对比

三层的楼梯口连接到达卫浴区与就寝区的两个较大过渡区

二者又分别被四个小的私密空间围合

上楼的过程中，实现从大的连通空间到较小半私密空间的过渡

到达二层，面对开放式工作间及私密式娱乐间

进入大门，面对狭长的流动空间

客厅内上下打通的开敞空间

THE SHEPHERD | DOMITORY DESIGN
"牧羊人" | PAGE2 大学生居住单元寝室设计

>概念 CONCEPT

人类的生活模式始终裹挟在时代的潮流中不断发展，在信息化普及的今天，快节奏的生活、来自各方面的压力使人们不再有着当年躺在草垛子上看天空时的那份纯粹。设计以牧羊人为概念，使用简单纯粹的划分和轻松闲适的风格，旨在通过对空间体量以及围合度的塑造来形成空间的变化，打造牧羊人从小草棚到大草原的生活体验，引导人在其中放慢生活的节奏，进行更多的交流，同时又可以寻找到自己的小天地。

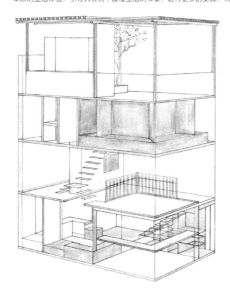

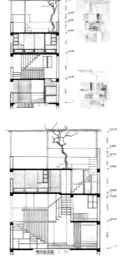

> 室内 INSIDE

> 就寝空间 BEDROOM

四个抬高的私密空间围合中心半私密空间，通过推拉门实现交流。扩大床的面积，增加内置书架桌台

>会客空间 LIVINGROOM

通过高低错落的方盒子的围合，划分会客空间并实现空间的多功能使用

> 流线 STREAMLINE

纵向S形流线规避私密区间增强连通，横向T形流线简化区间连接

>分区 PARTITION

学生：张越淇

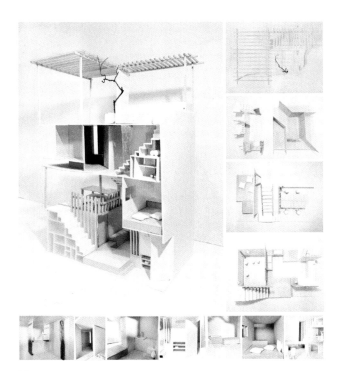

> 案例分析 CASE

>马赛公寓

横向平居划分，两侧纵向部分打通，私密空间包围公共空间，实现户型的差异以及室内空间纵向的变化。

> 保证三层居密，划分下层空间，形成Z字开放空间围合对角私密空间。

>柿园民宿

传统木结构，符合"牧羊人"风格，通风隔热，玻璃顶盖解决防水问题。

> 减少围合形成坡屋顶灰空间，大小疏密方向增端变化。

>巴拉干 楼梯与环境

墙端空间纵向的延展性，通过楼梯的塑造拉升屋片式的变化形成漂浮在上空的"楼梯"。

通往天窗的楼梯，充满神秘感，同时起到划分空间的作用，增加多种使用功能。

> 进行简单划分，缠绕界限，将室外的环境引入室内，增强空间开放性与通透性。

> 尺度 MEASURE

>学习与工作 STUDY & WORK

>厨房 KITCHEN

>储物与栏杆 STORAGE & RAIL

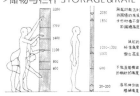

>卫浴 BATROOM

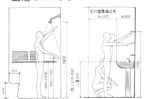

THE SHEPHERD | DOMITORY DESIGN
"牧羊人" | PAGE1 大学生居住单元寝室设计

> 设计说明 INSTRUCTION

在寝室楼顶层选择两个上下叠加的寝室单元，设计可以满足四个同学居住并具有更多功能的居所。通过对空间进行不同围合度与体量的塑造，使人身处其中时获得空间感知上的变化，同时明确划分公与私、动与静，促进人与人之间的交流，同时保留每个人自己的一份独特。

> 场地分析 SITE

本寝室楼位于园区东侧偏南，毗邻街道。其南侧建有超市、水果店、打印店、食堂，基础设施完备，绿化优良。方案选择寝室楼顶层东北角上下两个单元，视野、卫生以及环境条件优越，增设屋顶花园，增强方案的丰富性。

> 平面布局 PLAN

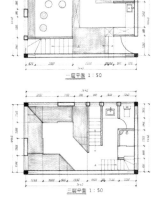

一层平面 1:50

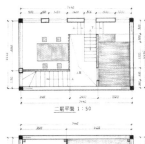

二层平面 1:50

三层平面 1:50

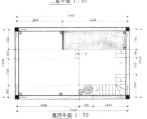

屋顶平面 1:50

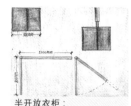

半开放衣柜：

在封闭式衣柜的转角设置旋转的开放式衣架，放置常穿衣物，方便拿取。

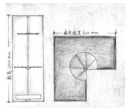

伸缩模型桌：使用时可伸长旋转至座椅旁，不用时收于角落；顶部设有储物柜放置材料工具，方便整理与使用。

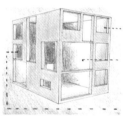

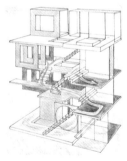

设计说明： 作品在空间的划分上，第一步明确划分了就寝区与学习区，第二步在其中为每位使用者划分自己的空间，充分考虑了集体生活中的私密性。在空间的处理上，采用了庭院的手法，以庭院为中心的公共空间营造了个性化的交往氛围。作品概念来源于宋词(庭院深深几许)。庭院空间形成一个'之'字，推出了空间的进深感。还借用了园林中的借景、障景的手法，使得庭院向渗透，或掩抑，或隔离。眼睛驱使脚步去往更深的空间，寻找那种自然山水的慰藉。

空间生成

庭院深深
大学生居住单元寝室设计
Natutal Freedom ＆Beyond Physicality

题目解析

设计内容为以目前所居住寝室为一个单元，扩大到用两个寝室单元的体积设计一个同时居住四个不同室的居所。不同于家庭住宅，寝室空间属私密与公共其共有的空间。我认为此就居所不仅满足就寝、卫浴、学习、交流等基本功能，还应该满足更高层次的精神需求，向高曲折通幽处，使得寝房花木深。

《长物志》里的这段记载，可能将古往今来文人墨客钟爱庭院的缘由，描写得入骨三分。自古以来，中国人对庭院都有着名的向往情结。他们习惯了在这一廊一院之间，渡过每一个春夏秋冬。春观万物生长，夏听鸟语蝉鸣，秋赏落叶如蝶，冬看落雪压瓦，这种惬意，如诗般美好。

概念来源

吾侪倘不能栖形止谷，追绾园之路，而混迹廛市，要须门庭雅洁，室庐清靓，亭台具旷士之怀，斋阁有幽人之致，又有种佳木怪箩，陈金石图书，令居之者忘老，寓之者忘归，游之者忘倦，蕴隆则凛然而寒，凛冽则煦然而燠，若徒侈土木，尚丹垩，真同桎梏樊槛而已。

——《长物志》

总平面图

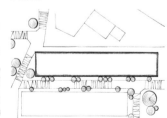

学生：刘昕宇

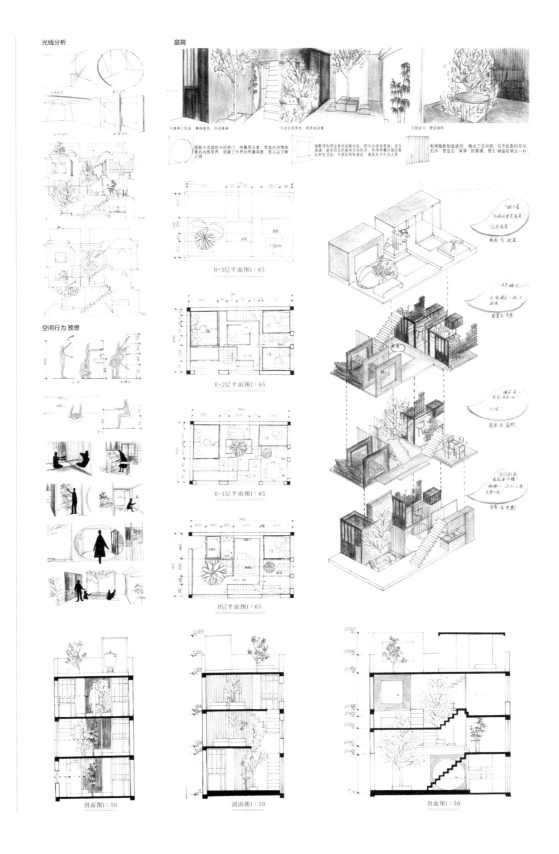

光线分析

庭院

空间行为 预想

H+3层平面图1:65

H+2层平面图1:65

H+1层平面图1:65

H层平面图1:65

剖面图1:50

剖面图1:50

剖面图1:50

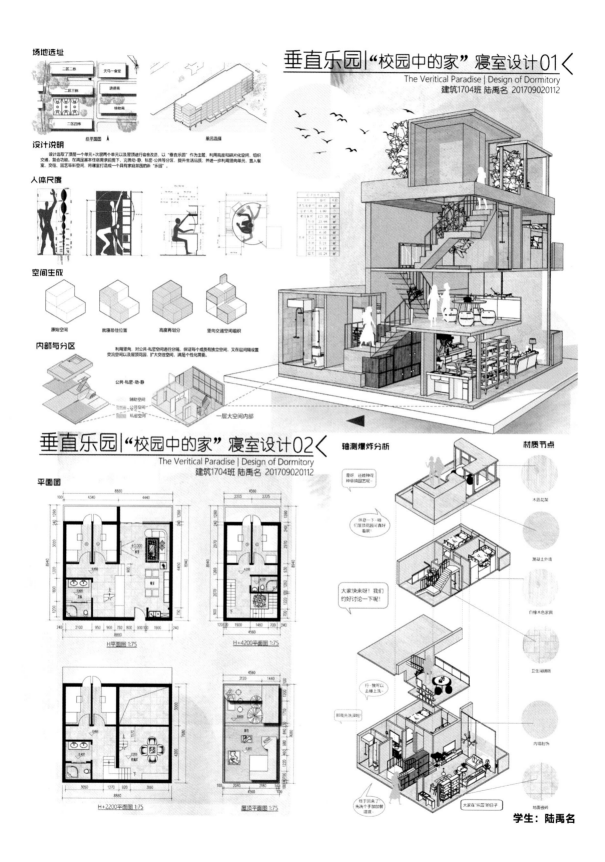

场地选址

设计说明

人体尺度

空间生成

原始空间　就寝层最佳位置　高度再划分　竖向交通空间组织

内部与分区

公共-私密-动-静
辅助空间
公共空间
私密空间
一层大空间内部

垂直乐园|"校园中的家" 寝室设计01
The Veritical Paradise | Design of Dormitory
建筑1704班 陆禹名 201709020112

垂直乐园|"校园中的家" 寝室设计02
The Veritical Paradise | Design of Dormitory
建筑1704班 陆禹名 201709020112

平面图

H平面图 1:75

H+4200平面图 1:75

H+2200平面图 1:75

屋顶平面图 1:75

轴测爆炸分析

材质节点

水泥花架

黑色土外墙

白橡木色家具

卫生间瓷砖

内墙涂料

地面瓷砖

学生：陆禹名

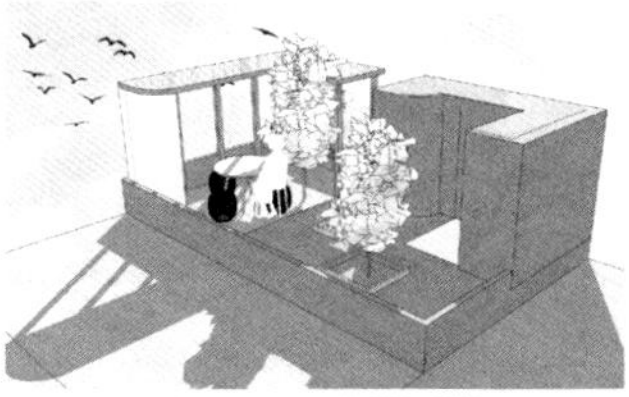

屋顶花园 观景平台 园艺种植 闲谈散心

通高客厅和夹层 公共半公共分区

寝室 单人单间 保证私密 最佳朝向

垂直乐园|"校园中的家" 寝室设计03 <

The Veritical Paradise | Design of Dormitory
建筑1704班 陆禹名 201709020112

轴测透视

流线

剖面图

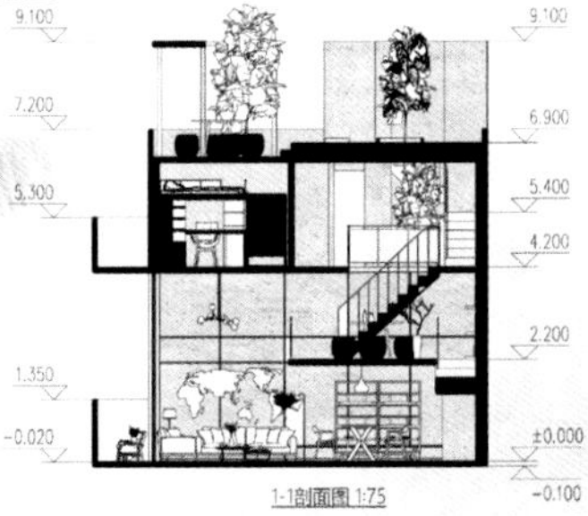

1-1剖面图 1:75

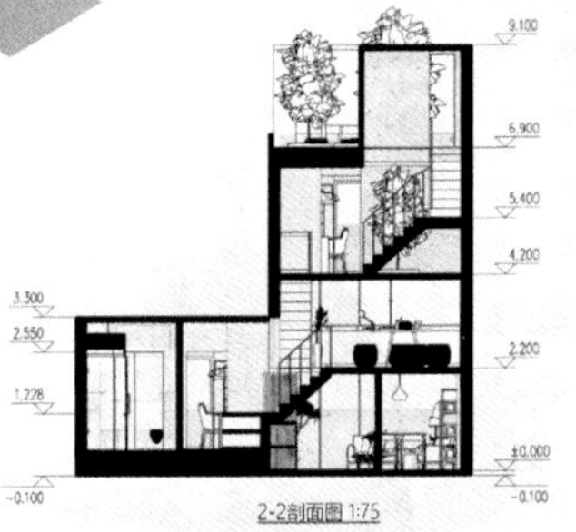

2-2剖面图 1:75

逐层一览

H

屋顶

H+2200

H+4200

模型照片·垂直乐园|"校园中的家" 寝室设计04 <

The Veritical Paradise | Design of Dormitory
建筑1704班 陆禹名 201709020112

场景节点

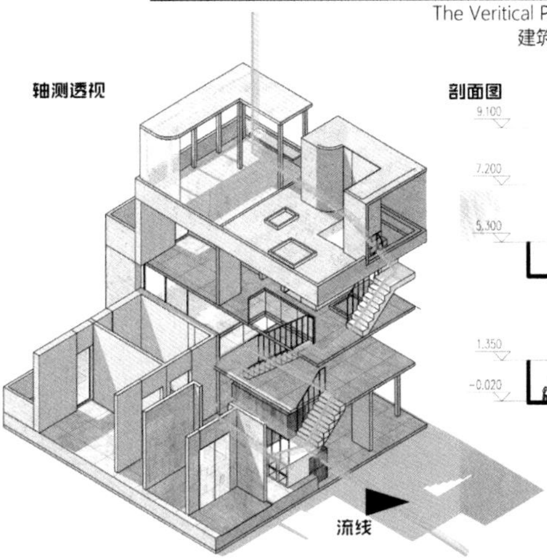

客厅落地窗 视野好 有利于采光通风

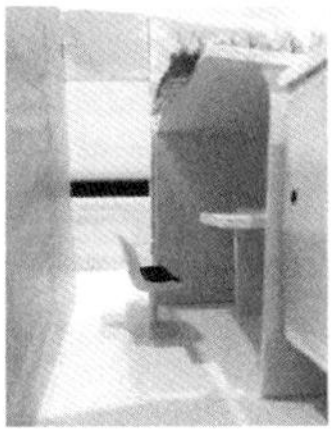

立面

正透视

轴测透视

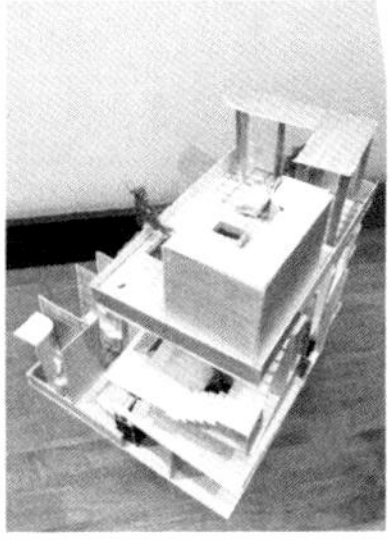

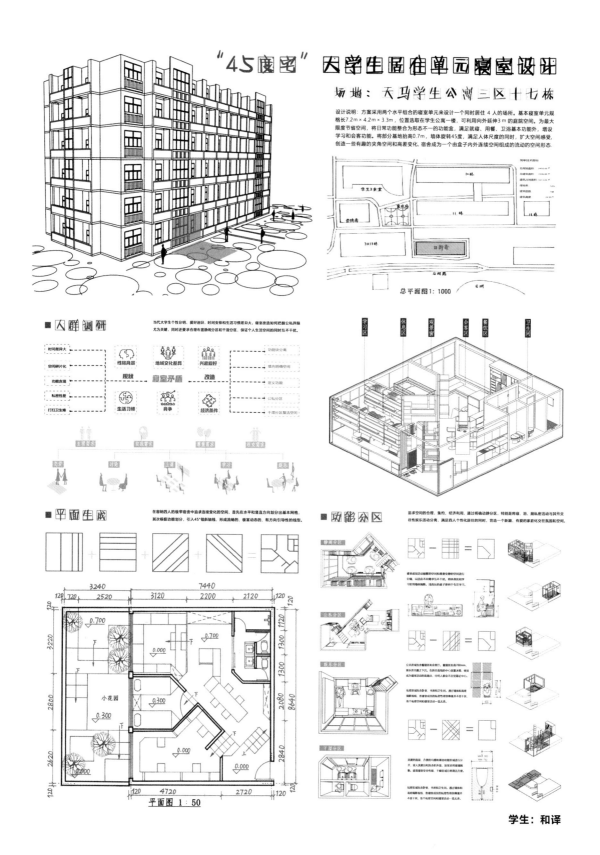

"45度宅" 大学生居住单元寝室设计

场地：天马学生公寓三区十七栋

设计说明：方案采用两个水平组合的寝室单元来设计一个同时居住 4 人的场所。基本寝室单元规格长7.2m×4.2m×3.3m，位置选取在学生公寓一楼，可利用向外延伸3 m 的庭院空间。为最大限度节省空间，将日常功能整合为形态不一的功能盒，满足就寝、用餐、卫浴基本功能外，增设学习和会客功能。将部分基地抬高0.7m，墙体旋转45度，满足人体尺度的同时，扩大空间感受，创造一些有趣的夹角空间和高差变化，宿舍成为一个由盒子内外连续空间组成的流动的空间形态。

总平面图1:1000

■ 人群调研

当代大学生个性分明、爱好游异，时间安排和生活习惯差异大，寝室改造如何把握公私界限尤为关键，同时还要求合理布置静闹分区和干湿分区，保证个人生活独立的同时互不干扰。

■ 平面生成

在容纳四人的极窄宿舍中追求连续变化的空间，首先在水平和竖直方向划分出基本网格，其次根据功能划分，引入45°倾斜轴线，形成流畅的、寝室动态的、有方向引导性的线型。

平面图 1:50

■ 功能分区

追求空间的合理、集约、经济利用，通过明确动静分区，特别是将睡、浴、厕私密活动与其交往性娱乐活动分离，满足四人个性化居住的同时，营造一个新颖、有爱的家庭化交往氛围和空间。

学生：和译

92

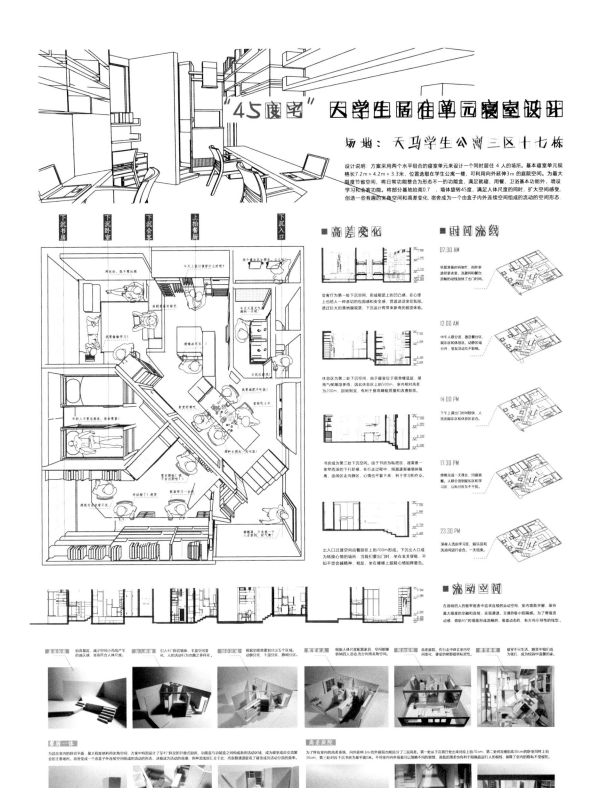

01 自由栖居·聚与离

"校园中的家"
大学生寝室设计　王悦鑫 201817020325

调研

通过调研发现，现有宿舍存在采光通风不足、功能单一无趣、空间狭窄、私密性考虑缺失等问题。
以对空间私密性和自由度的思考为设计出发点展开探究。

总平面图

设计概念

由妹岛和世对空间私密性的观点受到启发：妹岛理想的空间模式是"同在一个屋檐下，有许多可以停滞的所在。可聚可合，
相近相远，……成员能够放松与根据自己的心情选择不同的房间"。
思考：空间的私密并不一定代表每个人拥有的空间都是个人专有、封闭不被打扰的。
人在不同时间、不同心情下对不同空间和自己行为活动的选择自由是不是私密性的另一种体现呢？

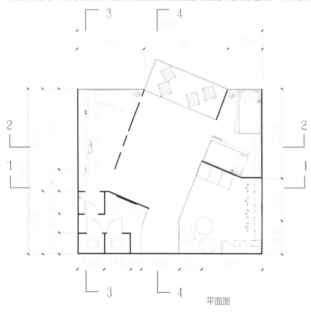

平面图

南立面图

设计策略

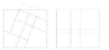

网格生成　　　　网格叠加

用两套网格叠加划分平面，主要使用板片分隔空间，采用"隔而不断"的方式保证空间的流动性，同时根据卫生间和入口空间微调高差使之更加合理。

板片划分、空间流动

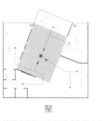

聚　　　　　　　离

希望宽敞的公共区域成为整个空间的核心区域，同时公共空间的属性可以随着人的选择和活动灵活变化；公共空间周围环绕开放性和形态各异的空间，成员在空间中可聚可离，可近可远。

干湿分离

空间开放程度

学生：王悦鑫

02 自由栖居·聚与离

"校园中的家"
大学生寝室设计   王悦鑫 201817020325

剖轴测示意

灵活利用墙壁储物收纳

自由的吧台

餐厨 带冰箱、微波炉等实用电器

朝南一侧采用玻璃幕墙，保证室内充足的采光。

空间核心区域，面积最大。

凸出的飘窗为空间增添趣味，上方可晾晒衣物。

入口右侧低于主要空间150mm，与左侧卫生间呼应，作为过渡空间。

正交和倾斜的网格结合划分空间，打破常见空间范式，成为空间主要特色，增添个性化趣味，符合青年需求。

两种高度的桌子，挂壁置物架，满足多种需要。

卫生间与主要空间存在150mm高差，干湿分离，保证空间实用性。

01 03 06 04 05 02

室内场景

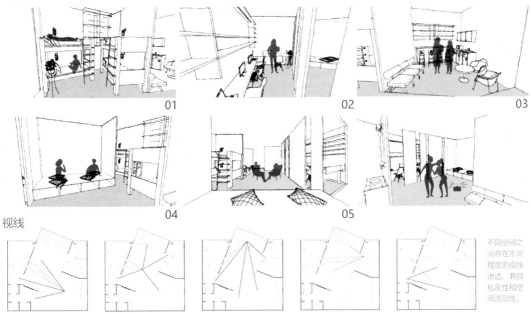

01   02   03

04   05

视线

不同空间之间存在不同程度的视线渗透，兼顾私密性和空间流动性。

03 自由栖居 · 聚与离

"校园中的家"
大学生寝室设计　王悦鑫 201817020325

不刻意设置空间的功能，而是采用灵活的折叠家具，成员可以根据时间、心情或需求自主赋予空间功能；同时，同一种空间模式亦可能对应不同的使用模式；划分出宽敞的公共空间和周围不同开放度的空间，使成员可聚可离、可近可远，从而使居住者拥有了对自身行为和空间的选择自由权；这是本设计对空间私密性和自由度的诠释。

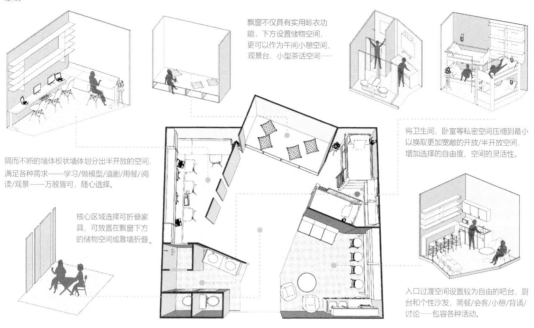

飘窗不仅具有实用晾衣功能，下方设置储物空间，更可以作为午间小憩空间、观景台、小型茶话空间……

将卫生间、卧室等私密空间压缩到最小以换取更加宽敞的开放/半开放空间，增加选择的自由度、空间的灵活性。

隔而不断的墙体板状墙体划分出半开放的空间，满足各种需求——学习/做模型/追剧/用餐/阅读/观景——万般皆可，随心选择。

核心区域选择可折叠家具，可放置在飘窗下方的储物空间或靠墙折叠。

入口过渡空间设置较为自由的吧台、厨台和个性沙发，简餐/会客/小憩/背诵/讨论……包容各种活动。

空间可能性 ——以核心的公共区域为例

01 组队做方案，需要坐下来好好讨论交流！
02 期末交完图了！大家宿舍点外卖庆祝一下~

01 一起做"伏地魔"做模型吧！
02 好久没有好好聊天啦，茶话会，夜谈走起~

01 快要方案汇报了，投影屏放下来我先自己排练一下，你们给我提提意见！
02 周五的晚上~一起看个电影怎么样？

01 健美操要考试了，我先练练！
02 老趴在电脑前老腰都断了！起来活动活动舒缓一下心情~

1-1 剖面图

2-2 剖面图

3-3 剖面图

4-4 剖面图

04 自由栖居·聚与离

"校园中的家"
大学生寝室设计　王悦鑫 201817020325

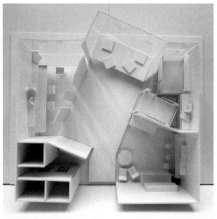

模型照片

"校园·家"
大学生居住单元寝室设计

概念 Concept

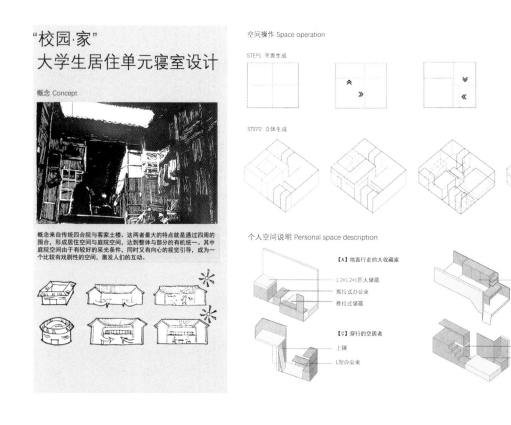

概念来自传统四合院与客家土楼。这两者最大的特点就是通过四周的围合，形成居住空间与庭院空间，达到整体与部分的有机统一。其中庭院空间由于有较好的采光条件，同时又有向心的视觉引导，成为一个比较有戏剧性的空间，激发人们的互动。

空间操作 Space operation

STEP1 平面生成

STEP2 立体生成

个人空间说明 Personal space description

【A】地面行走的大收藏家
1.2×1.2×1巨大储藏
推拉式办公桌
推拉式储藏

【B】空中漫步的浪漫家
三箱储物
推拉窗

【C】穿行的空居者
上铺
L型办公桌

【D】穿行的地居者
高空办公桌
下铺

"校园·家"大学生居住单元寝室设计

剖面图 Profile

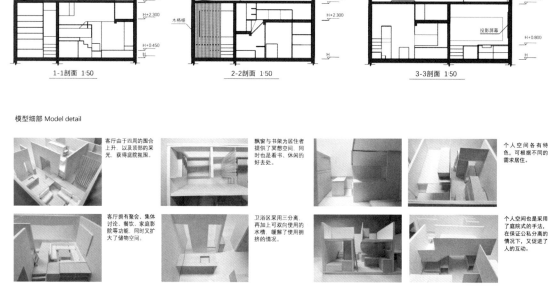

1-1剖面 1:50 　　　　2-2剖面 1:50 　　　　3-3剖面 1:50

模型细部 Model detail

客厅由于四周的围合上升，以及顶部的采光，获得庭院氛围。

飘窗与书架为居住者提供了冥想空间，同时也是看书、休闲的好去处。

个人空间各有特色，可根据不同的需求居住。

客厅拥有聚会、集体讨论、餐饮、家庭影院等功能，同时又扩大了储物空间。

卫浴区采用三分离，再加上可双向使用的水槽，缓解了使用拥挤的情况。

个人空间也是采用了庭院式的手法，在保证公私分离的情况下，又促进了人的互动。

学生：许逸伦

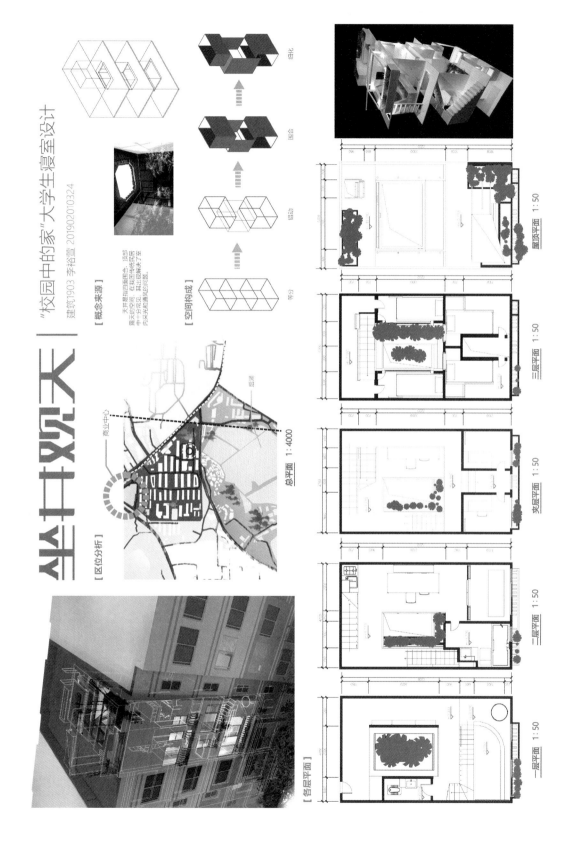

坐井观天 | "校园中的家"大学生寝室设计

建筑1903 李裕萱 20192010324

[概念来源]

天井是指四周... 围合，四周...露天的空间，在校园中将传统民居中...分...其中...解决了室内采光和通风的问题。

[空间构成]

等分　错动　围合　细化

[区位分析]

商业中心　后湖

总平面 1:4000

[各层平面]

一层平面 1:50　二层平面 1:50　夹层平面 1:50　三层平面 1:50　屋顶平面 1:50

[天窗分析]

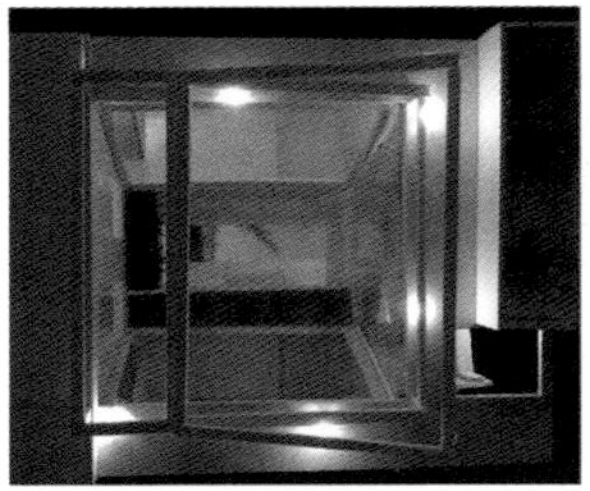

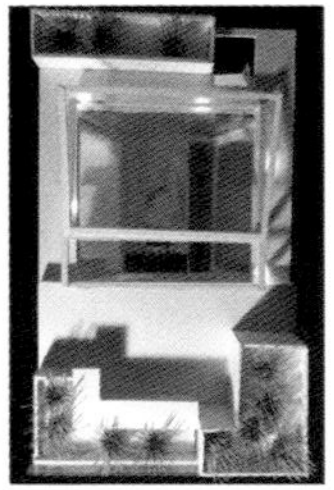

天窗灵活地分隔室内外空间。不同单间同时向天井开窗，四人可同时在个人房间内与室友面对面交流，富有趣味，打破了单间造成的隔阂。

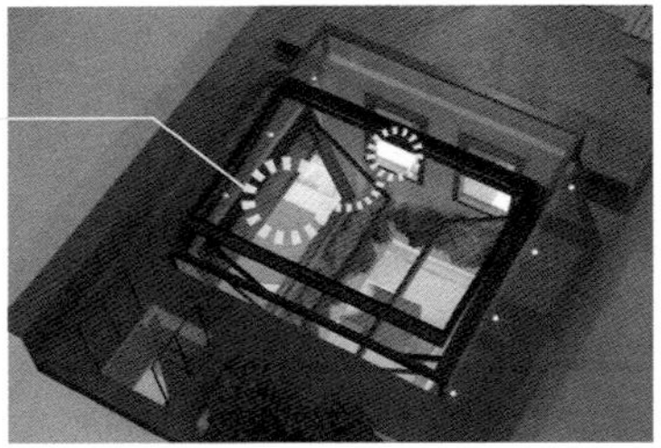

[流线分析]

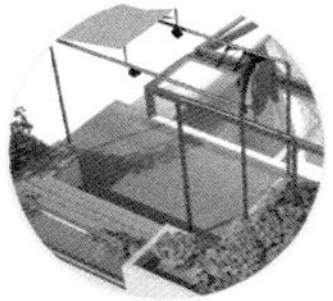

除开辟了天井顶部的大窗外，天台还提供了集观景、休闲、晾晒、园艺为一体的空间。

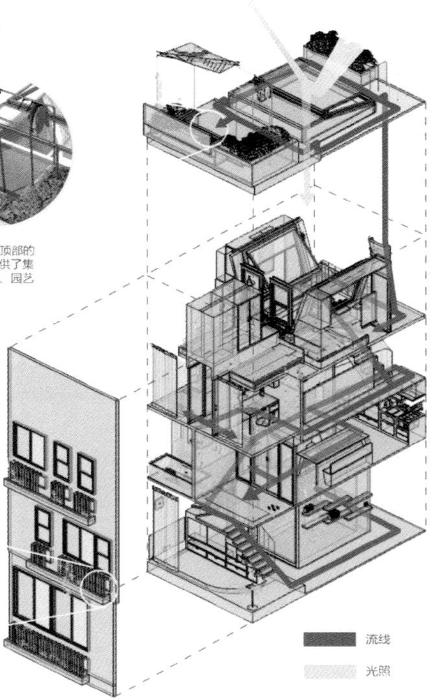

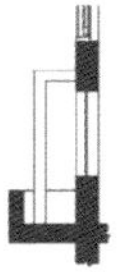

额外的玻璃长窗增加室内采光，木质栏杆在保护隐私的同时创造了园艺空间，使立面富有生机和韵律美。

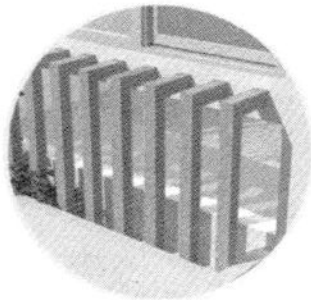

[案例分析]

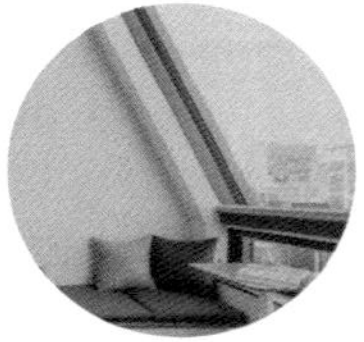

韩国树屋公寓的斜向大窗不仅增加采光，更保护住户隐私。借鉴窗户形制，本方案则在采光之外更注重室友间的交流。

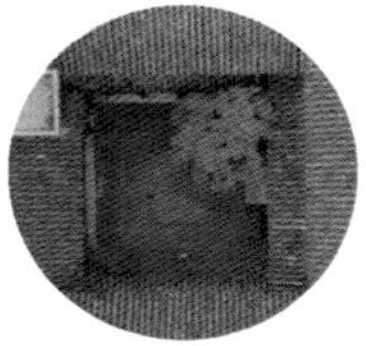

将传统的四合院形式应用到就寝空间中，力求创造"分中有合"的当代集体生活空间。

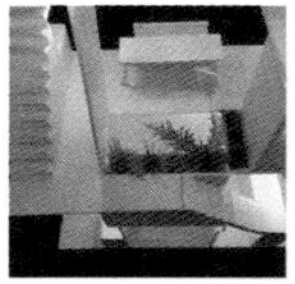

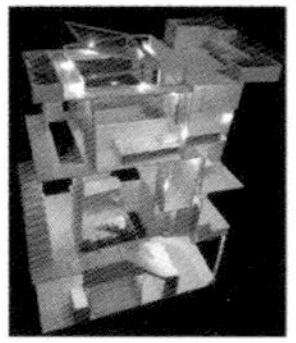

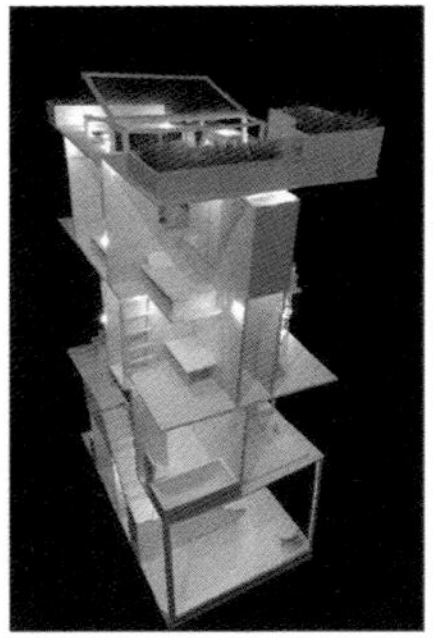

[立面及剖面]

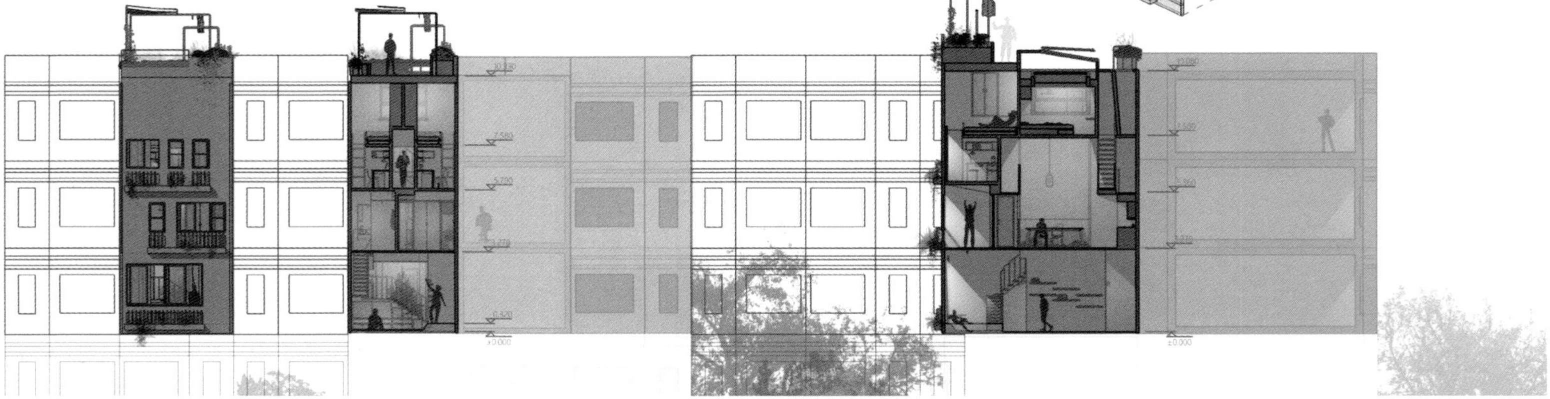

[天井分析]

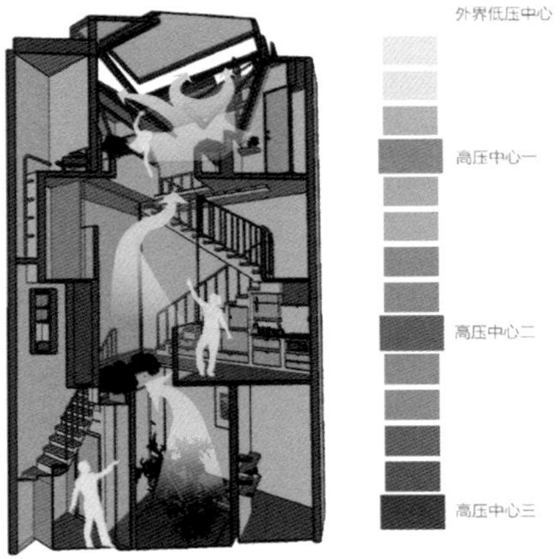

外界低压中心
高压中心一
高压中心二
高压中心三

·微气候调节

天井错动的布局使室内形成三股高气压中心，增强了其自然抽风的效果，中庭植物的蒸腾作用有利于调节室内气温，人与自然的对话由天井贯通实现。

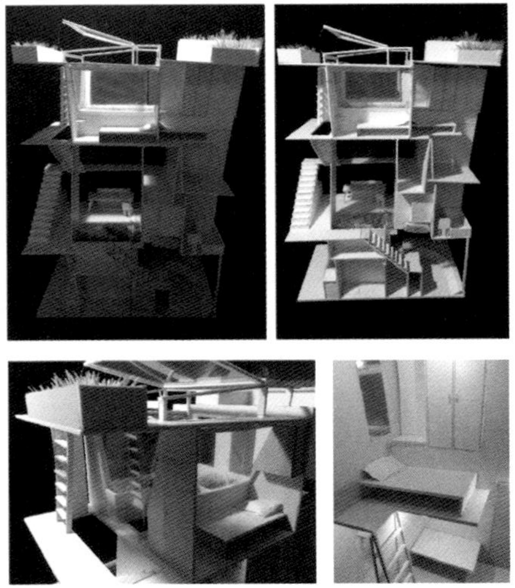

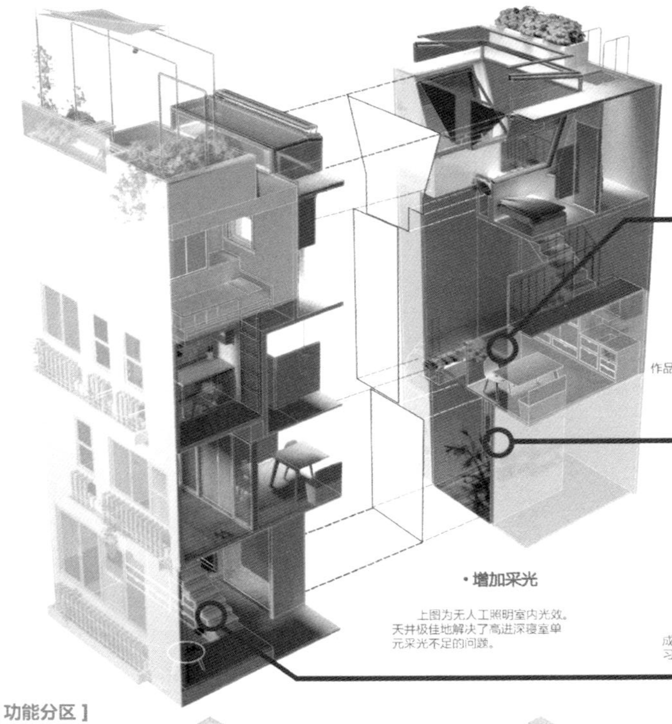

烹饪区
走廊墙壁可作为作品展示空间。
整墙为储物架。
客厅一角的小桌成为阅读、休闲、学习的灵活空间。

·增加采光

上图为无人工照明室内光效。天井极佳地解决了高进深寝室单元采光不足的问题。

[大样分析]

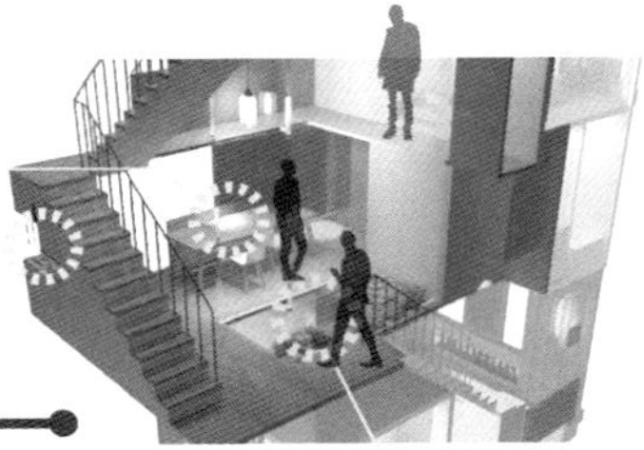

玻璃材质划分灰空间，不影响观景与光线。

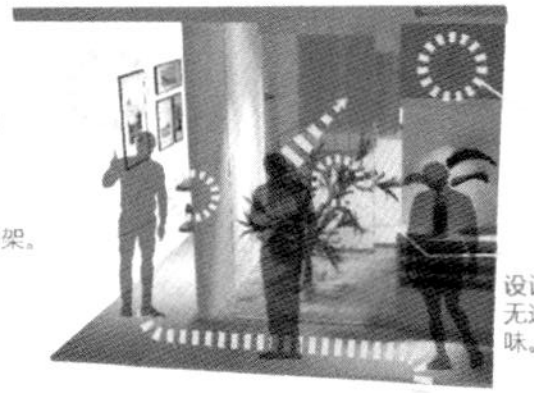

顶柜
进门曲折的流线设计避免了室内一览无遗，增强了空间趣味。

楼梯下方为大容量储物空间

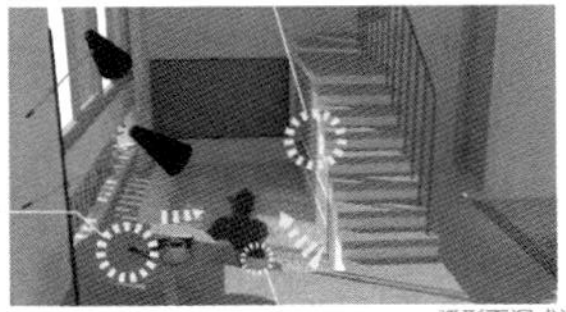

弧形下沉式设置增添了空间向心凝聚的氛围，引导住户围坐娱乐。

[功能分区]

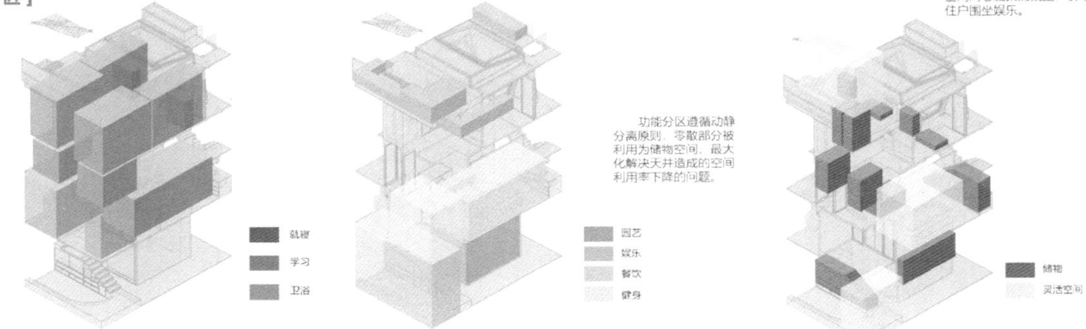

就寝
学习
卫浴
园艺
娱乐
餐饮
健身
储物
灵活空间

功能分区遵循动静分离原则，零散部分被利用为储物空间，最大化解决天井造成的空间利用率下降的问题。

·静空间　·动空间

学生：李裕萱

教案题目： 校园微 X 空间设计
教案编写： 邹敏、章为、钟力力

Lesson Plan Topic : Campus Micro x Space Design
Lesson Plan Compilation: Zou Min, Zhang Wei，Zhong Lili

1 教学目标

1.1 以学生所处的校园真实环境作为设计对象，充分考虑使用者的生活、学习需求，使学生初步掌握特定场所中人的行为活动规律和环境要求，思考人与环境的互动关系，理解场所精神，并锻炼其发现问题、分析问题、解决问题的能力，训练设计思维的逻辑性。

1.2 归纳和掌握空间形式语言，寻求合理的功能与相应的空间形态关系，研究空间的分割与限定方式、空间界面的虚实关系，塑造宜人的空间形态与体量。

1.3 初步理解建构与其相关的理论，强调建造活动的本质和设计过程，理解材料、骨架、构造有时比概念和形式更能影响到建造、使用及最终效果。在深刻了解材料特性和与之相适应的结构骨架、构造方式的基础上，培养学生在设计中将艺术与技术、功能等因素综合考虑，并利用技术因素来创新的能力。

1.4 掌握以模型为主的设计手段，通过 1：1 实体模型的建造，掌握真实空间形态的准确比例关系，理解特定材料的受力关系、节点交接和美学效果，体验材料加工和实体建造。

2 教学方法

2.1 校园微空间设计的"小"易于一年级同学对教学内容的把握，同时其灵活多变的特点促使学生深入思考和研究不同的特质，挖掘空间、行为的复合性、丰富性。教学不强调复杂功能，从环境与场所入手，重点使学生掌握空间、环境、行为的相互关系。

2.2 课题的教学过程因循"设计"思维逻辑来梳理和组织，以校园环境与空间的认知和讨论为出发点，引发对空间、环境、活动等问题的观察分析和思考，激励学生善于观察、研究并创造性、理性地提出解决问题的策略和方法。

2.3 课题强调对空间、材料和建构相互关系的理解与操作。课题的建构环节通过材料加工、细部设计与实体模型搭建，树立以认知与体验为核心的空间观念，初步掌握具有可操作性的建筑设计方法，在设计深度上能体验到真实的建造过程。

2.4 本课题强调设计的广度，要求学生综合运用设计原理、环境心理学、行为心理学、人体工程学等相关理论知识，尝试并初步了解建筑材料、结构与构造的基本概念。鼓励学生关注建筑学的前沿理论和交叉学科，比如数学建模分析、参数化和数字化辅助设计等。

1 Teaching Objective

1.1 Take the real campus environment of students as the design object, and give full consideration to the life and learning needs of users. Make students master the rules of behavior and activity of people in specific places and the requirements of the environment, think about the interaction between people and the environment, understand the spirit of the place, and exercise their ability to find, analyze and solve problems, and train their logic of design thinking.

1.2 Summarize and master spatial form language, seek reasonable function and corresponding spatial form relationship, study the way of space division and limitation, the relationship between virtual and real of space interface, and shape pleasant spatial form and volume.

1.3 Students are able to have a preliminary understanding of and construct its related theories，and it emphasizes the nature of construction activities and the design process, and understanding that materials, skeletons, and structures sometimes affect construction, usage, and final results more than concepts and forms. On the basis of a deep understanding of the material characteristics and the corresponding structure framework and construction mode, the students are trained to take art, technology, function and other factors into comprehensive consideration in the design, and make use of technical factors to innovate.

1.4 Master model-based design means. Through the construction of 1：1 solid model, master the accurate proportion relationship of real space form, understand the stress relationship, node transition and aesthetic effect of specific materials, and experience material processing and solid construction.

2 Teaching Methods

2.1 The "small" design of campus micro-space is easy for first-year students to grasp the teaching content. At the same time, its flexible characteristics prompt students to think deeply and study different characteristics, and explore the complexity and richness of space and behavior. Teaching does not emphasize complex functions, instead，it starts with environment and place, and focuses on making students master the interrelationship between space, environment and behavior.

2.2 The teaching process of the subject is organized and organized in accordance with the logic of "design" thinking. Starting from the cognition and discussion of campus environment and space, thus triggering the observation, analysis and thinking of space, environment, activities and other issues, and encourages students to be good at observation and research, and creatively and rationally propose strategies and methods to solve problems.

2.3 The subject emphasizes the understanding and manipulation of the interrelationship between space, materials and construction. Through material processing, detailed design and solid model building, the construction of the project establishes a space concept with cognition and experience as the core, and initially grasps operational architectural design methods, so as to experience the real construction process in design depth.

2.4 This project emphasizes the breadth of design and requires students to comprehensively apply the theoretical knowledge of design principles, environmental psychology, behavioral psychology, ergonomics and other relevant theories to try to preliminarily understand the basic concepts of building materials, structure and construction. Students are encouraged to focus on cutting-edge theories and interdisciplinary disciplines in architecture, such as mathematical modeling analysis, parameterization and digital aided design.

课程体系

一年级教学架构

设计基础教学以空间和和设计为核心，设置了表达基础、形式基础、空间基础、场所认知基础、建构基础五个教学模块，每个模块配套相应的设计题目，并引入"设计格"思想，让训练学生基本技能，提高空间认知能力，培养综合设计能力。

五大教学模块之间形成有机联系的整体，以空间认识为导向，以空间设计训练为主线，按照教学序次交叉呈现于学生面前，该体系既定的关联性和逻辑性与学生的专业认知规律相一致，也符合设计思维培养的诉求，并且不囿限在一年级教学视角来看模块的划分，而将其放在各年级整体的教学体系中研究。

技能 Technique	识图、制图、建筑画、制作模型、软件使用等
认知 Cognition	分解成不同方面来认知和体验建筑与空间：知形态设计（平面构成）形体设计（立体构成）空间认知（名作解析）空间组合（空间构成）材料结构（建构练习）
设计能力 Ability	在培养学生审美能力与造型能力的的基础上，加强设计性思维的训练，应用技术性和认知性训练成果，帮助学生树立设计意识，提高综合设计能力

建筑设计基础

模块	内容	学期
表达模块	抄绘练习、美术字、建筑制图、建筑画	空间的表达 第一学期
形式基础模块	形态构成与设计：平面设计、立体设计	空间的形式
空间基础模块	空间认知与设计：名作解析、单元体空间构成	空间的限定
场所认知模块	场所分析与体验：基地调研、实例分析	空间的尺度 第二学期
建构基础模块	模型材料分析与实体建造	空间的搭建

认识规律 ← → 表达技能 设计能力

建筑与空间

设计思维训练与设计基本素质培养

空间教学单元

空间认知训练	人体尺度认知（教室家具再布置）
	场所认知与分析（校园空间构成分析）
	经典建筑作品学习与分析（名作解析）	一年级
空间设计训练	简单空间设计训练（立方体的分割与限定）
	空间生成训练（植入场所与功能的校园微空间设计·建构）
	复杂空间设计训练（空间组合之小型建筑设计）	二年级上

课题介绍

课题背景

本课题是我院《建筑设计基础》课程的最后一个设计课题，时长4周，周课时6学时，兼顾利用《模型制作实践》课程的实践周，时长2周，周课时10学时，故教学周均为6周，课时总计44学时。本课题延续了"空间认知与设计"训练系列教学单元，结合《设计概论》课程讲授的建筑与空间的相关理论内容，在教学过程强调循"设计"思维逻辑，并结合"建构实验"教学方式，使学生的空间设计思维线程达到建构和发展，在之后的建筑设计学习奠定专业认知和综合能力的基础。

本课题组织和联贯起一、二年级的设计课程联系，同时也是一年级"空间认知与设计"系列教学单元的训练重点，课题定位基于学生的接受程度设置，引导学生由设计基础课程前期横向并列式的广义过渡到建筑设计课程中线性的有深度的思考。

教学目的

1. 以学生所处的校园真实环境作为设计对象，结合实际，充分考虑使用者的生活、学习需求。使学生初步掌握特定场所中人的行为活动规律和环境要求，思考人与环境的互动关系，并锻炼其发现问题、分析问题、解决问题的能力，训练设计思维的逻辑性。

2. 归纳和掌握空间语言，寻求合理的功能与组织的空间形态关系，研究空间的分割与限定方式，空间界面的虚实关系，塑造宜人的空间形态与体量，并符合人的行为尺度。

3. 初步理解建构与其相关理论，强调建造活动的本质和设计过程，理解材料、骨架、构造间的时间概念和形式更影响到建造、使用及最终效果。在深刻了解材料特性和与之相适应的结构骨架、构造方式的基础上，培养学生在设计中将技术与艺术、功能等因素综合考虑，并利用技术因素来创新。

4. 掌握以模型为主的设计手段，鼓励以模型作为直观手段进行设计构思发展。特别通过1:1实体模型的建造，掌握真实宜用空间形态的准确比例关系，理解特定尺度的受力关系、节点交接和美学效果，体验材料加工和实体建造。

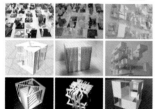

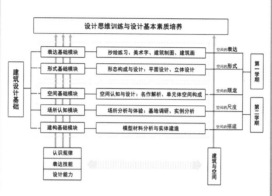

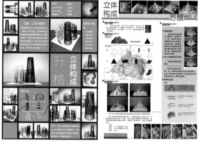

教学思路

1. 校园微空间设计的"小"易于一年级同学对教学内容的把握，同时其灵活多变的特点促使学生深入思考和研究不同的特质，挖掘空间、行为的复合性、丰富性。教学不强调复杂功能，从环境与场所入手，重点学生掌握空间、环境、行为的相互关系。

2. 课题的教学过程因循"设计"思维逻辑来梳理和组织，以校园环境与空间的认知和讨论为出发点，引发对空间、环境、活动等问题的观察分析和思考，激励学生善于观察、研究，并创造性、理性地提出解决问题的策略和方法。

3. 课题强调对空间、材料和建构相有关系的理解与操作。以往传统建筑基础教学以构成训练为主，关注形式审美和建筑表达技能的培养，学生对空间缺少体验，材料与细部缺乏了解，对建筑本体内容知之甚少。课题的建构环节通过对材料加工、细部设计与实体模型搭建，树立以认知与体验为核心的空间观念，初步掌握有可操作性的建筑设计方法，在设计深度上能体验到真实的建造过程。

4. 本课题强调设计的广度，要求学生综合运用设计原理、环境心理学、行为心理学、人体工程学等相关理论知识，尝试并初步了解建筑材料、结构与构造的基本概念。鼓励学生关注建筑学的前沿理论和交叉学科，比如数学建模分析、参数化和数字化辅助设计等。

设计任务书

校园微X空间设计
——场所·空间·建构

我校校区位于国家级风景区内，校园环境优美，游客众多，也造就了特殊的校园氛围。为了提升校园的文化氛围并丰富校园的景观元素，以"校园微X空间设计"为题，要求学生设计并实体建造一批具有景观小品性质的构筑物（例如：休息亭、室外装置等），其性质和功能是开放性的，可为校园内师生或游客提供某种服务功能（如停留、遮蔽、休憩、展示、陈设、售卖、问询等）。基地选址不限，旨在改善校园内某特定区域或场所的环境氛围，激发场所活力。

设计要求	1. 该构筑物空间尺寸为2m×2m，限高2m，要求3人以上能够进入和停留。 2. 以人为本，符合人体尺度要求，并能满足使用者的需求，功能设置合理。 3. 合理选定基地氛围，满足场所特征。 4. 结构合理牢固，强度当为使用，并满足防风、防雨、耐久等要求。 5. 造型新颖，细部处理适合美观。 6. 建造实施方案合理，具有良好的制造工艺，并考虑控制成本。 7. 材料的选取与加工应满足设计要求，便于拆卸、拼装、运输，考虑可回收利用。
主要材料	块材（石膏、砌块、砖等） 板材（木板、密度板、纸板、金属板等） 线材（木条、竹条、PVC管、角钢、绳子等） 其他（五金零件等）
成果要求	1. 每班分成5～6组，每组5～7人，以组为单位提交设计图纸，完成实体空间建构设计图纸A1图纸3～4张，包含详细设计说明、平面图（2个）、立面图（2个以上）、剖面图（1个以上）、比例1：20、轴测图（1个以上）、细部及节点详图（1：5～1：10）、效果图、分析图、制作过程照片、实体模型照片等。 2. 空间实体建造模型，选定一种主材，1:1比例制作并集中评图展览。

教学计划表

	时间	目标	教学内容	评价标准	备注
stage1 调研	第一周	调研	基地调查 使用者需求调查 材料市场调查	对基地及材料的深度解析	布置任务书 选定基地 提交调研报告
stage2 概念	第二周	抽象	寻找设计灵感或"原型" 通过头脑风暴得到模型形态	模型形式 空间逻辑	每人提交1:10 PVC材料模型
	第三周	比选	评选优秀方案 深化与调整	形态美观 结构合理 符合场所及功能要求	公开评选 每班选出六个优秀方案
stage3 试做	第四周	试做	选择材料 试做与单元体模型 探讨其形式及联结方式	单元体模型 的合理美观	小组成员分工 单元体模型试做
	第五周	试错	单元构件的加工与制作 连接节点的设计与试错 验证整体受力的合理性	关键节点设计的合理性 方案的可实施性	采购材料 制作单元体
stage4 建造	第六周	建造	现场施工搭建 施工调整、拼接	1:1实体模型建造	检查材料强度 结构稳定性
	最终	讲评	提交设计图纸 模型展示	场所感的营建 形态新颖美观 结构的稳定性 建构整体的完成度 材料使用的合理性	公开评图

与前后题目的衔接

1. 横向课程衔接

"校园微空间设计"课题有效整合了"设计概论""设计基础"和"模型制作实践"三门平行课程。在教学时序上,"设计概论"课程讲授在前,系统地讲授了有关设计原理与设计方法等内容,而"模型制作实践"紧接着"设计基础"的教学周,结合建构内容打通了两者的教学环节,同时也促进了课题的完成度与深度。在一年级的课程体系中,围绕着"设计基础"以空间认知和训练的教学为主线,将理论知识、空间认知与训练内容和模型制作有效结合,从而加强了对学生综合能力的培养。

2. 纵向课题衔接

前一作业——名作解析——单元体空间构成

"校园微空间设计"组织和串联起一、二年级的设计课程联系,同时也是一年级"空间认知与设计"系列教学单元的训练重点。之前的作业为一年级下学期的名作解析和单元体空间构成两个课题,学生已了解了空间的生成、组织和转换,熟悉了空间组织的类型和组合特点,掌握了形式与空间的表达、生成和转换,尝试了立方体单元空间的分割、限定与组织,而在本课题训练中,通过"场所、功能、材料"的引入,把设计重点引向了"材料"的组织,在模型制作实践中奔身体验和认知空间,在原有的教学主线上拓展形成起包含空间、功能、空间、材料、建构的综合设计基础知识系统。

后一作业:小型建筑设计

本课题之后是二年级上学期的第一个课题——小型建筑设计。在空间训练系列单元中尝试对空间组合的思考与实践。小型建筑设计如茶室、书吧、展厅等建筑规模小、功能相对简单,而空间的组合与体系、行为体验、功能与场所是设计的学习重点。因此,本课题的"建构实践"有助于加深对空间、建构等方面的认知,能有效地拓宽建筑设计中的空间设计和建构的整体思路,加深空间认知和把控能力,促进建筑设计包括对材料、结构、构造方面的全面思考与掌握。"校园微空间设计"课题可看作是后续小型建筑设计课题的分解和准备动作。

第一阶段:调研(思考与解题)(1.5周·9学时)

教学内容

老师集中讲授:布置设计题目,讲解任务书,讲解与课题相关的设计原理知识,分析典型案例,推荐参考书目。带领同学参观模型工厂,认识加工工具,展示制作工艺。

学生分组调研:1. 基地调研:分析校园特定环境与场所特征以及人的行为活动特点,确定合理建造的具体场所,提交基地分析报告。2. 需求调研:从自身学习、生活需求出发,发掘设计的功能需求,功能自定。3. 市场调研:实地走访材料市场,了解不同的材料性能特点、尺寸、加工工艺、构造方式等方面,探讨材料使用的可能性与合理性。提交调研报告,集中汇报,交流讨论,引导启发设计思路。

教学重点

采取以问题为导向的探索发现式教学,训练同学们的"设计性"思维,引导学生在解题过程中发现和提出问题,通过交流讨论深对理论知识的理解,思考问题解答的可能性。

教学方法 课堂讲授、实地调研、汇报讨论。

阶段成果 调研报告(包括基地分析、需求分析、材料分析)

第二阶段:概念(抽象与比选)(1.5周·9学时)

教学内容

老师启发聆听:在教学中启发学生讲述故事,撰写有关空间与场所的剧本,设想空间可能发生的行为或事件,最终与确定的环境和场所发生关联,形成空间意象和主题。此外,在学生进行概念构思时,鼓励他们从多学科领域如:美术作品、平面设计、工业设计、建筑设计、环境设计、服装设计等)拓展学习,收集相关资料,寻找设计灵感。

学生概念生成与比选:经过头脑风暴,学生对设计概念进行抽象,进一步方案,制作一草模型。分组讨论一草,深化设计构思,每人完成一个设计方案,提交1:10工作模型、相关图纸、构思说明。全班公开评图,经全体投票比选,每班选出5~6个方案,以此分组。每组5~6人,方案设计者为组长,小组对选定方案进行调整和深化,确定结构骨架和材料,进行小组分工,为下阶段的模型制作做好准备。

教学重点

设计概念的提取和抽象过程需要学生们的脑力激荡和头脑风暴,在此过程中,学生不再是被动的接受者,而是通过对任务的理解、对前期调研发现的问题主动探究,探讨其问题的可能性,主动寻找设计概念,尝试空间形态的各种可能意象(以草图和草模结合的方式,表达初步设计构思),对设计草图和模型不求美化处理,但求记录思维痕迹,鼓励同学的尝试和失误,在限制中寻找突破点,从激发思维的发散性与创造性。

教学方法 头脑风暴、模型辅助构思、方案优选。

阶段成果 每班优选出5~6个设计方案,包括工作模型和图纸,小组分工。

第三阶段:试做(材料与节点)(1.5周·11学时)

教学内容

教师讲授指导:结合讲授建构原理,分析建构的内在逻辑和秩序,介绍基本结构类型、不同材料的力学性能及常见构造做法。在课程设计指导环节中,更多采用引导方式,不做决策,只做讨论和强调示范式引导,允许学生"试错",鼓励"操作",尊重学生的尝试和试验,应激发和激发学生的创造力。

学生试做试错:每组学生根据方案选定材料,结合材料性能特点、人体使用尺度来改进方案、完善设计。试做1:1比例单元体模型,探讨其形式和联结方式的可能性。经过不断操作与试错,比较优化单元体构件和节点构造方案,最终制作放样模型。同时利用计算机建模进行计算,搭建虚拟骨架并验证其受力是否合理、骨架是否平稳。经过实验验证,深入加工工艺难度、施工时序、人员分工等,确定建造实施方案。同学们在试错和验证的过程中得到的经验和教训对于下阶段的实体搭建讲究足珍贵。

教学重点

鼓励"试错"和"操作",强调逻辑与理性。建构应是对结构(力的传递关系)与建造(构件的相应布置)逻辑的一种回应。强调骨架结构、材料构件、节点构造的合理性。结构是实物骨架,不同的材料构件形态和连接节点构造都需要考虑合理性及创新性设计,以期既提供有效的技术解决,又考虑富于趣味的视觉表达。

教学方法 试错式教学陷阱法、引导式教学、计算机辅助设计。

阶段成果 单元体模型制作,构造节点示意图,虚拟模型受力验算。

第四阶段:建造(搭建与讲评)(1.5周·15学时)

教学内容

学生集中搭建:每小组落实体搭建实实施方案,批量采购材料与配件。在模型工厂内对材料进行截割、打孔、连接制作单元构件,并在基地现场完成连接和组装。根据基地实际与人员使用情况,对模型进行调整完善、加固,最终完成实体模型搭建。经过实体搭建,结合任务书要求和搭建成果,完成正图绘制,并尝试各种尺寸对方案进行特色表达。

老师组织讲评与展示:在学生搭建过程中,针对出现的问题及时指导、提出建议。在正图组织中向学生展示往届优秀作业成果,规范学生图纸表达。在最终组织学生进行实体模型集中布展和方案汇报,邀请各专业及各年级教师共同参与。公开评审调图纸,听取汇报,与同学们充分交流讨论、现场打分和讲评,选出优秀作品给予奖励。组织校园公开展览,对其使用情况设置意见本,进行跟踪反馈和总结交流,以期在今后的建筑设计中得到改进。

教学重点

此阶段强调实体搭建的可实施性,注重动手实践和实际操作。要求同学们采用并设计合适的材料、结构、节点构造来表达建构空间,鼓励创新性和实验性设计。模型的搭建过程应满足材料与构件便于拆卸、拼装和运输要求,并提倡材料的可回收利用。通过此建构环节,加深同学们对空间的认知和体验,并使同学们由此理解建筑设计中的现实制约因素。

教学方法 模型制作实践、汇报总结、集中讲评。

阶段成果 提交正式图纸,完成实体模型搭建。

教师点评	图纸展示	过程展示

作业一 《林憩》

方案简介:

用澳松板围合成球壳形态，内部空间用于体验者进入、停留、休息，营造出静谧自然的空间氛围，三角形的空洞形成丰富的光影效果，螺旋上升的形态象征着树木蓬勃的生长力。

教师点评:

该设计体现了变化、灵活的设计思维特点。首先其表现在形态设计上，突破了常规几何形而采用s、c形曲线的线性变化生成壳体。壳体由209个三棱台单元堆叠形成曲面，具有较为丰富的光影和镂空肌理效果。两个壳体有多种空间组合方式，满足不同的行为和使用方式，它们间的组合也形成了流畅、多样的形态。形态和材料、节点之间的关系处理合理，但需要考虑澳松板不适合露天放置。也认识到作为复杂形态的单元构件变化多，加工、装配难度增大，产生的误差相应也较大。

作业二 《旋·木》

方案简介:

本方案外形为螺旋形渐变叠加，螺旋之中蕴含了丰富的空间形态，最大螺旋圈与最小螺旋圈之间的渐变营造出可供人驻足、休憩和交流的空间，空间形态建构遵照一定的数学规律变化，富有韵律感与结构美。

教师点评:

该设计以"旋涡"为灵感，抽取12边型为形态基本单元，取材松木条搭建出1.5m×1.9m×2.9m的覆盖、围合空间。可容纳1~4人在其中或坐或躺或交谈。整体结构稳固，受力均衡合理。设计了菱形木块和螺栓连接方式，便于单元组装、拆卸、搬运。整体外观制作精良，在长度、方向排列上逐渐产生螺线变化，具有韵律感和生动美感，并考虑人体工程和形态之间的关系。适合放置在校园草地和林间增加环境的趣味。不足之处需加强底面的牢固和其与整体形态之间的协调。

作业三 《钢·柔》

方案简介:

将坚固耐刷、富有肌理效果的不锈钢冲孔板作为材料，把三角形——三棱柱作为基本母体，以扭动的形式结合人的尺度与行为特点，最终形成冷峻的外观与实用的功能相结合的空间建构。

教师点评:

该设计以"三角形"为母体，反复"折""扭"起伏延展，形成2.4m×2.4m的空间形态。造型新奇具有雕塑的特性能激活室外空间，产生新的场所氛围。功能、尺度与形态结合得恰当、巧妙，将坐、躺、站行为与陈列、摆放功能结合为一体，如同室外家具。金属穿孔板与造型结合产生刚柔相济的视觉效果，在校园环境中有画龙点睛的作用。材料与节点设计简单，易于安装和拆卸。充分考虑了结构稳固，但扭转部位的受力大，材料变形较大。

学生感悟

《林·憩》耗费整整近两个月，在最初设计时，我们想尽可能从多方面优化设计方案，但由于技术、经济、知识等因素制约，没办法做到面面俱到。在实体模型建造中，一个个难题被我们攻克解决，最终做出了超越我们预想的作品。脑海中的想法成为现实，以及展出时参观者的称赞，让我们感受到了设计之路的苦与甜。

《旋·木》这次作业比之前所有的设计都要com人，从建材调研、基地调研、概念提出、方案确定、模型制作到最后的方案出图，没有大家的努力都是无法完成的。通过这次作业，我了解了各种建材的特性和连接方式，体验了创作空间乐趣，更学会了小组合作、相互帮助、共同解决难题。

《钢·柔》就像是我们小组共同的孩子，从最初的构想到最终的定型，从想法的萌生到行动的过程，都让我们在前行的路上摸索着。每个人的想法不同都会有自己的见解，但我们有着共同的目标：形式和功能的完美结合，刚柔并济。它是我们大家共同努力，用我们的思考打磨而成的微型空间。

教学总结与反思

在"校园微X空间设计"课题中，以校园里真实的环境与场所作为设计对象，更直观地帮助学生进行自我分析与思考。学生是以设计者和使用者的双重身份投入到课题的学习中去，双重身份体验有助于培养未来职业建筑师的责任感。一年级的学生思维主要是以形式逻辑为主，对此，课题综合了环境、空间、材料、细部等外显性元素，并将功能和结构等较为抽象的设计元素隐含其中。为一、二年级的设计课程建立起联络。此外，打破了由平面和形态入手进行设计的思维方式，教学重点围绕着空间、场所、材料与行为等关系进行设计，强调设计思维的逻辑性。

虽然功能和结构在本课题教学中未作重点强调，但很多学生在设计概念的提出和实体建造的过程中，已逐渐意识到两者对设计结果的深刻影响，也反映出了课题的设置起到了引导学生主动思考与学习的作用，同时引导学生带着问题进入建筑设计的后续学习。建构环节使得学生初步理解建筑的本体语言，引导学生关注建筑空间及造型与构筑它的材料、结构及构造之密切关系，让学生亲身体验从设计到建造的全过程，培养学生在设计中将艺术与技术、功能等元素综合考虑，加深理解材料、结构、构造等技术因素对建筑的制约和促进。

当代知识的多元、信息传播的便捷和学生个性的发展使得学生的知识架构开始倾向自我完成，也促使老师在教学中更应成为一个组织者和引导者，教师在某些环节甚至仅仅作为聆听者而不是裁判人。在设计过程中突出学生的主动性和能动性，教学评价的标准更多的是学生的概念分析过程和逻辑的合理，而且并不是答案的唯一。

此课题的建构环节延续了两届，但设计任务书的内容有所调整。今年课题的设置更重视设计思维的训练，加强了场地、功能等要素的考虑，更强调结构、材料、构造等技术环节对于设计概念的影响与促进，课题的逻辑性与完整性也得到了增强。每年的建构作业是一年级同学参与度最高的题目，课题以小组形式进行，锻炼了学生们的组织和协调合作的能力。此外，不论从教学过程的反馈，还是从学生们的作业成果来看，达到了课程设置的初衷，甚至超出了老师的预期。在教学环节的最后进行了为期一周的实体模型校园展览，在校内师生及校外游客中引起了巨大的反响。相信教学期间同学们表现出来的主动性、能动性和创造性能发他们日后系统的建筑学专业学习的热情。

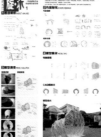
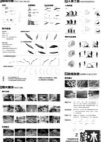

校园微建构
作业题目： 2015 年湖南大学建造节
指导老师： 邹敏、章为、钟力力、胡骉、陈娜、齐靖
学　　生： 2014 级全体学生

Campus Micro – Construction
Assignment Title: 2015 Hunan University Construction Festival
Instructors: Zou min, Zhang Wei, Zhong Lili, Hu Biao, Chen Na, Qi Jing
Students: All students of grade 2014

作业题目： 2016 年湖南大学建造节
指导老师： 胡骉、章为、邹敏、钟力力、齐靖、陈娜
学　　生： 2015 级全体学生

Assignment Title:　2016 Hunan University Construction Festival
　　Instructors:　Hu Biao,Zhang Wei, Zou min,Zhong Lili,Qi Jing,Chen Na
　　　Students:　All students of grade 2015

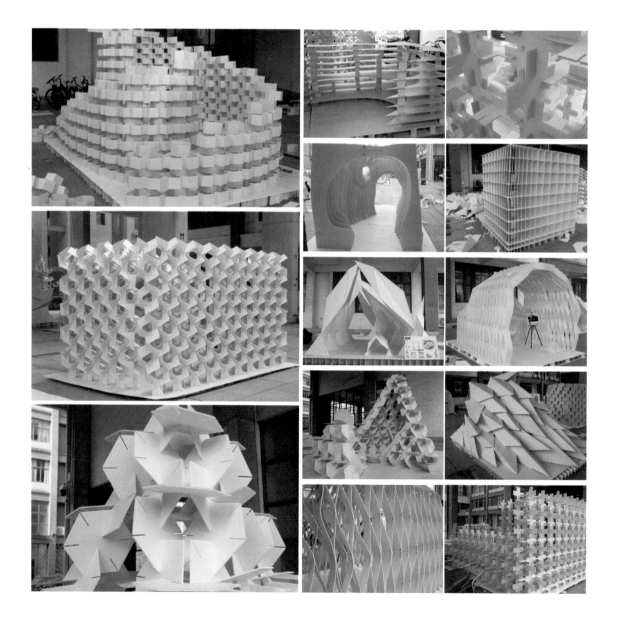

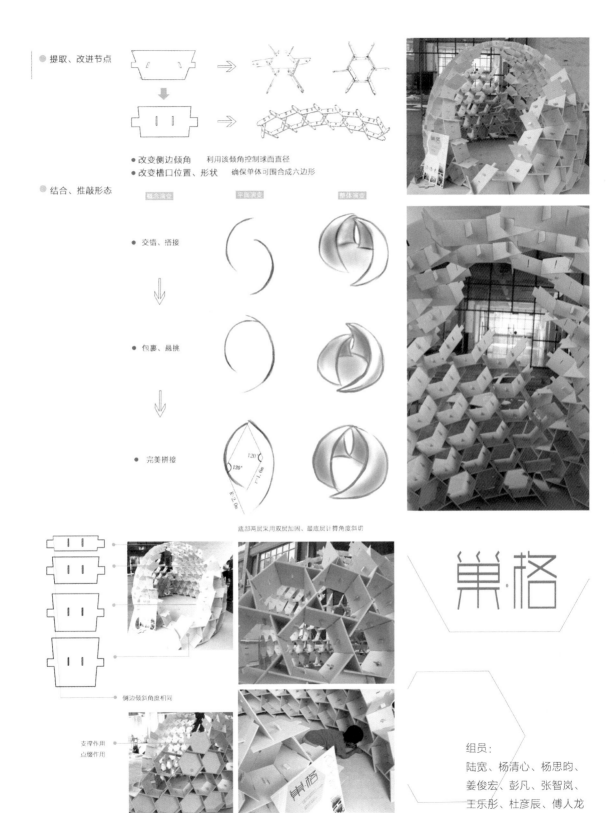

● 提取、改进节点

● 改变侧边倾角　利用该倾角控制球面直径
● 改变槽口位置、形状　确保单体可围合成六边形

● 结合、推敲形态

概念演变　　　平面演变　　　整体演变

● 交错、搭接

● 包裹、悬挑

● 完美拼接

120°
120°
R=2.0m
r=1.0m

底部两层采用双层加固、最底层计算角度斜切

侧边倾斜角度相同

支撑作用
点缀作用

巢·格

组员：
陆宽、杨清心、杨思昀、
姜俊宏、彭凡、张智岚、
王乐彤、杜彦辰、傅人龙

109

名称：缀

组员：任雨箫、肇宸鹤、刘奕辰、高佳、程康益、张轩溥、陈子彦、杜雪峰、杨国阳

尺度与流线

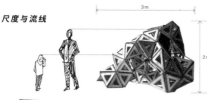

缀，从象形上代表了紧密连接和正三棱锥单体的不断堆叠。该形体运用了规整的正三棱锥单元体，搭建出不规则的外形，缀而不繁，曲而不离。

单体与拼装

———— 螺栓孔
———— 切断线
———— 折痕线

A 通道（最高处 1.6m，最窄处 0.6m）：曲折的路径蜿蜒引导人们从开放走向围合，形成一个寻觅安定的过程。

B 通道（最高处 1.1m，最窄处 0.9m）：低矮的入口引导人们半蹲着进入。入口处的低矮与入口内部空间的宽敞形成对比，增加内部空间的舒适感。

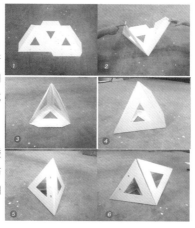

该形体由 98 个正三棱锥单体相连堆叠而成，正三棱锥单体棱长 50cm，每个面上开有边长 20cm 的正三角形空洞，正三棱锥单体之间通过螺栓进行连接。

先将平面的折板沿着折痕线进行折叠，形成正三棱锥的基本形体，然后每个三棱锥之间依靠沿着棱伸出的平面进行面与面之间的连接，交接面通过螺栓进行连接。

构思过程

以构造一个与外界能够有良好沟通与交流的空间为目的，用具有多方向延伸性的三棱锥单元体，构造出"锁链状"的半包围形体去创建多路线的空间体验，人可以从不同的视角感受该建构的内部，也利于从不同人群这一出发点来改善通道。

同时，以不同人群的喜好为出发点，构造了两个大小不一的入口：a 入口相对宽敞，适合大人行走进入；而 b 入口相对低矮，适合儿童的尺度，使儿童可以爬入探索内部。这使得空间路线多样化，增加了趣味性。

设计过程

前期草模集思广益，主要从单元体和建构外形方面，结合材料特性与受力角度进行形态的创新。后期通过老师的指导，深化了结构与外表的统一性、力学分析和形态塑造。最后我们将稳定的镂空正四面体作为单元体，结合一定规律进行形体搭建。

施工过程

材料加工步骤：前期激光切割两套木模板，中期根据模板绘制单体轮廓，后期进行切割钻孔钉螺栓以完成单体制作，并进行底板的加工。正式搭建前进行试搭，将各单体用螺栓进行连接以检验单体间连接方式稳固程度并熟悉单体间连接步骤。

预制件进场时间：搭建当天早上 8 点，将预制件搬运至场地。

建造程序：将整个建构分为多个体块进行加工，每三人一组，同时进行各个体块的加工，各体块制作完成后，小组协作将体块连接为整体。

材料回收：将螺钉收集好卖给五金店。PP 中空板整理打包好后送回学院。

单元体

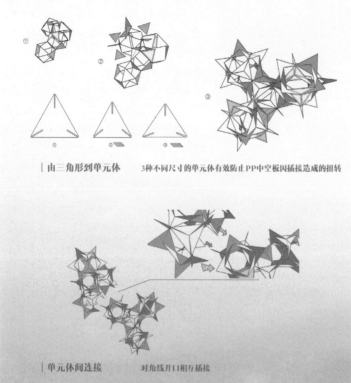

|由三角形到单元体　　3种不同尺寸的单元体有效防止PP中空板因插接造成的扭转

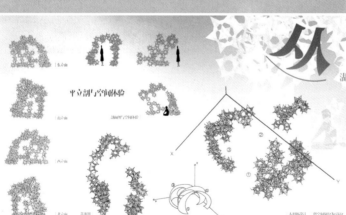

|单元体间连接　　对角线开口相互插接

思维导图

Step 1
大形体出发设计
表皮与形体分离

Step2
二维单元沿二维流动成面
缺乏深度，一眼看透

Step3
三维单元沿二维流动成面
多变但厚重封闭

Step4
三维单元按三维格网布置
轻盈通透，开放美观

|单元体的演变

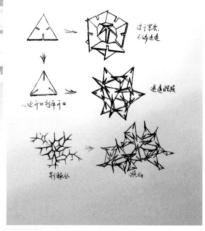

构思概念

空间，可开可合，虚实相生，方显魅力。我们是空间的创造者，也是空间的体验者，当空间既围合又通透时，我们仿佛能感受到它呼吸的节律。

建造，也是这样一个让静止的板材、单调的空间鲜活起来的过程。严丝合缝的围合固然有极强的私密性，但疏密有致、随性延伸的生命力却更加引动我们。

我们的设计就是以自由生长为理念，赋予空间一种独特的生命力。就如同细胞的生长，从一个很小的单元，逐渐形成一片"有血有肉"的生命体。我们使从一个小小的三角片出发，让它慢慢生长，给它慢慢生长，我们的空间仿佛是荆棘生长时留下的一小块空地，而头顶、眼前都是错落的、丛生的荆块。无心中偏有意地要与我们分享一个妙趣横生的空间于是，它的名字，就叫"从"

名称：丛
组员：于童、徐智博、袁硕、韩阳、赵界凡、高雨寒、柯燕萍、周妍

形态演变

平面与立面

优化过程

菱形: 稳定性好, 不易拓展

正方形: 稳定且扩展形式多变

横向拓展: 自重过大, 空间利用率低

双层 + 密切破坏

纵向拓展: 抗风侧力弱, 稳定度差

THE LATTICE

格·格

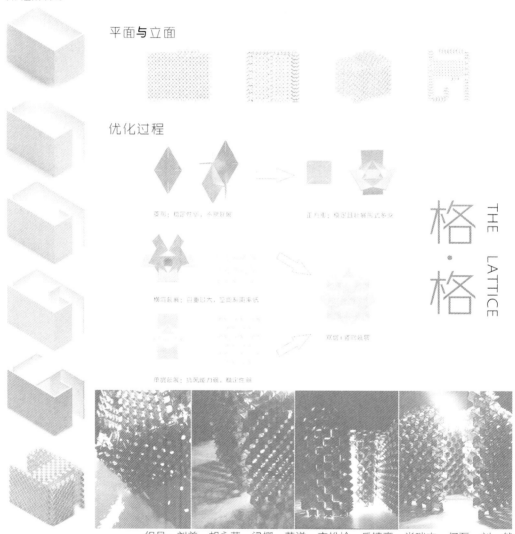

组员: 刘美、胡永莉、梁樱、黄洋、李松岭、丘镇豪、肖瑞杰、何磊、刘一然

114

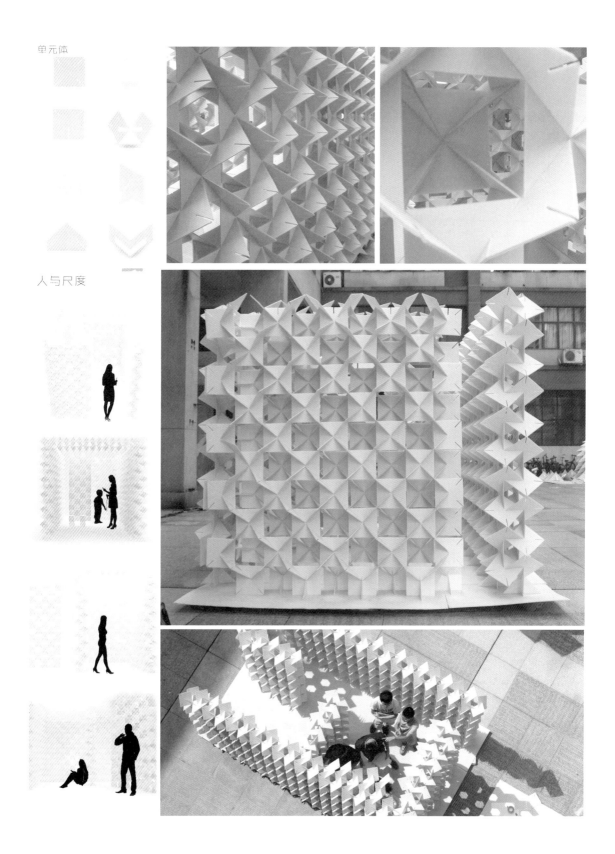

单元体

人与尺度

专题五：材料与建造——建构基础模块

Topic 5: Materials and Construction—Building Basic Modules

开课学期：大一夏季短学期

Semester: Short summer semester of first grade

5-1 轻质建造 —— 国际建造节、材料建造工作营

Light Construction — International Construction Festival, Material Construction Work Camp

5-2 主题建造 —— 梦想家建造节、实体建造工作营

Theme Building — Dreamers Building Festival,Physical Building Work Camp

5-3 多元建造 —— 国际高校建造大赛、竹建造节

Diversified Construction—International University Construction Competition,Bamboo Construction Festival

教师团队
Teacher team

钟力力
Zhong Lili

邹敏
Zou Min

章为
Zhang Wei

齐靖
Qi Jing

陈娜
Chen Na

胡骉
Hu Biao

聚焦于"真实建造"——建筑学的核心与根本，把"通过建造学习建筑"作为课题有别于其他教学的关键环节。尝试将建造作为设计的首要标准与建筑学基础问题，如：为什么要建造——功能与空间的问题；在何处建造——场所与环境的问题；如何建造——材料与建构的问题，差异主要在于复杂程度。

1 教学目标

通过现场建造实践学习建筑，学生获得对材料性能、建造方式及过程的感性及理性认识，了解建筑物理、技术等方面的基本要求，直观体会材料的物理特性。通过在自己建造的建筑空间中进行的活动体验，初步把握建筑使用功能、人体尺度、空间形态以及概念意向的内在关联。了解建构及其相关理论，学会运用空间形式与材料语言，从而理解建构即建造与空间的表达。体会建造活动的本质和实践过程，通过行为体验强化对材料物理特性、结构逻辑和空间美感的认知。掌握模型建构、现场建造的基础知识和相关实践，完成"概念、设计、建造、反馈"四个阶段。在建造过程中，体验脑力风暴、协作设计、节点加工、施工反馈等。

2 教学进阶

2.1 轻质建造：以轻质材料为主展开的规定时间和规定范围的临时性自主建构，空间关系上注意总体布局与界面连续性，技术上关注材料性能、结构构造、建筑物理、使用功能等方面，建造的空间、结构和围护力求达到一体化，基本结构单元与整体空间形态呈现清晰合理的逻辑关系，鼓励创造性地运用和发挥轻质材料的材料特性。

2.2 主题建造：以某一主题为主展开的规定时间和规定范围的自主建构，鼓励基于功能与空间、场所与环境、材料与建构等方面对主题进行个性解读，关注概念与建成实体之间的差别，重视概念设计、模型建构、材料建造的全过程，强调主题对过程的导向与积极介入。

2.3 多元建造：围绕多元目标展开的现场建构，时间相对跨度较大，积极回应社区参与、乡建介入、学术竞赛等多种命题，具有专业介入、在地设计、真实建造的特点，专注于实践性、创新性、开放式教学。

Focus on "real construction"—the core and foundation of architecture, and take "learning architecture through construction" as the subject, which is different from other key links of teaching. Try to take construction as the primary standard and architectural basis of design, such as why to build—the problem of function and space; Where to build—the problem of place and environment; How to build —the problem of material and construction.Their difference mainly lies in the complexity.

1. Teaching Objectives

By learning architecture through on-site construction practice, students can obtain perceptual and rational understanding of material properties, construction methods and processes, understand the basic requirements of architectural physics and technology, and intuitively experience the physical characteristics of materials. Through the activity experience in the architectural space built by themselves, they can preliminarily grasp the internal relationship of architectural use function, human scale, spatial form and conceptual intention.Learn construction and its related theories, master using spatial form and material language, and understand construction, that is, building and spatial expression. Experience the essence and practical process of construction activities, and strengthen the cognition of material physical characteristics, structural logic and spatial aesthetics through behavioral experience. Master the basic knowledge and relevant practice of model construction and on-site construction, and complete the four stages of "concept, design, construction and feedback". During construction, experience brainstorming, collaborative design, node processing, construction feedback, etc.

2 Advanced Teaching

2.1 Light construction: temporary independent construction within the specified time and scope mainly carried out with light materials. Pay attention to the overall layout and interface continuity in spatial relationship, and pay attention to material performance,structure, building physics,function, etc. in technology. The built space, structure and enclosure strive to achieve integration.The basic structural unit and the overall spatial form present a clear and reasonable logical relationship, and encourage the creative use and play to the material characteristics of lightweight materials.

2.2 Theme construction: the independent construction of a specified time and scope based on a certain theme, encourages the personalized interpretation of the theme based on function and space, place and environment, materials and construction, pays attention to the differences between concepts and built entities, and pays attention to the whole process of concept design, model construction and material construction, emphasize the orientation and active involvement of the theme in the process.

2.3 Diversified construction: the on-site construction around diversified objectives has a relatively large time span, actively responds to various propositions such as community participation, rural construction intervention and academic competition, has the characteristics of professional intervention, local design and real construction, and focuses on practical, innovative and open teaching.

教案题目： 建构实验
教案编写： 钟力力、邹敏

Lesson Plan Topic : Construction Experiment
Lesson Plan Compilation: Zhong Lili, Zou Min

教学目标

本课程为建筑学一年级下学期建筑设计基础和模型制作实践的一部分，采取了"建构实验"的教学方式，根据学科知识点的设置和低年级设计能力的培养要求，延续以空间为主线、具有可操作性的建筑设计方法。

1. 掌握以模型为主要设计手段，用建筑材料通过建造的手段来形成建筑空间。特别是通过 1 ：1 实体模型建构的过程，掌握真实空间形态的准确比例关系；理解特定材料受力关系以及节点交接；体验材料加工和实体建造。

2. 初步理解建构及其相关理论，强调建造活动的本质和设计过程，通过行为体验提升对材料结构逻辑性和空间美感的认知。

3. 归纳和掌握空间形式语言、建构即建造及空间的表达。通过"亭"的建构，更深刻地认识概念与建成实体之间的差别，这些差别对认知与体验来讲恰恰是决定性的。

4. 掌握模型建构的基础知识和相关实践完成"概念、抽象、材料和建造"四个阶段。通过对材料操作模型建构、空间认知，掌握空间语言系统如：建构形体、操作、观察、层次、连接等内容。

Teaching Objectives

This course is a part of the practice of architectural design foundation and model making in the next semester of the first grade of architecture. It adopts the teaching method of "construction experiment". According to the setting of subject knowledge points and the training requirements of junior design ability, it continues the operable architectural design method with space as the main line.

1. With modeling as the main means of design, use building materials to form architectural space by means of construction. In particular, through the process of 1 ： 1 solid model construction, they can master the accurate proportion relationship of real space form; Understand the stress relationships of specific materials and joints; Experience material processing and physical construction.

2. Have a preliminary understanding of construction and related theories, emphasize the nature of construction activities and the design process, and improve the cognition of the logic of material structure and spatial beauty through behavioral experience.

3. Summarize and master space formal language, construction is building and space expression. Through the construction of the pavilion, they can understand the difference between the concept and the built entity, which is decisive for cognition and experience.

4. Master the basic knowledge of model construction and relevant practices to complete the four stages of "concept, abstraction, material and construction". Through the construction of material operation model and spatial cognition, master the spatial language system, such as the construction of form, operation, observation, hierarchy, connection and so on.

【教学目标】

本课程为一年级下学期建筑设计基础和模型制作实践的一部分，采取了建构实验的教学方式，根据架构知识点设置前后低年级设计能力的培养需求要求，延续以空间为主线的，兼具有可操作性的建筑设计方法。

1.掌握以模型为主要设计手段，用建筑材料通过建造的手段来形成建筑空间，特别是通过以实体模型建构的过程，掌握真实空间形态的准确比例以再理解环境特定材料受力关系以及节点交接体验材料加工和实体建造。

2.初步理解架构以及其相关理论，强调建造方法的本质和设计过程，通过行为体验提升对材料构造理性性和空间构成的认知。

3.理解和掌握空间的表达方法，建筑模型建造与空间的表达。通过"亭"的介绍，更深入地认识概念与建成实体之间的差别,这些差别对认知和体验来评估价了建决定性的。

4.掌握模型建造的基础知识和实践完成"概念、抽象、材料和建造"四个阶段，通过对材料操作、模型建造、空间以及掌握空间语言系统，如建构、形体、操作、属次、连接等内容。

【教学方法】

第一阶段：概念

现场调查与案例分析:学生分组对"建筑学院"的外部空间调研调查,分析前内外行为活动和环境特征,选择可供建造的具体地点,结合课程讲解,深度解析案例对材料、构造方式进行分析,小组成员依据以上资料各自做出初始方案,并进行草模制作。

第二阶段：抽象

方案设计:学生每人完成个方案,提供1:10工作模型,通过两轮次比选,全体同学和老师进行充实讨论,评选出个方案(每个1组3个优选方案)准备实施。同时,每个班研学生按优选方案进行班分组,进行小组分工,为之后的模型制作做好准备。

第三阶段：材料

市场调研与材料认知:每组学生根据各自确定的方案深入市场调研材料,并结合材料特点改进方案。经过选择材料的优化方案,然后进行等比较型试验,尝试部分节点设计。同时,比较不材料的基本造价,加工方式的差异,施工时序、人员分工等内容,最终确定方案、实施材料和后续建造内容。

1.取以经验式教学,采取引导形式的教学方法,老师由"决策"者变为"引导"者,老师之与学生,明显的优势在于协调学术资源和社会资源的能力以及优于学生的步断力,在设计和建构的关键节点,着重挖掘和激发学生的创造力,老师不做决策,只以提示和经验来理性引导,允许"试错",鼓励"操作",最大限度的尊重、关注和发挥学生的设计潜能,培养其职业素养。

2.试错——教学陷阱法的引入,材料建构凸显了设计图纸与建构实体间的差异,建构过程中充满了陷阱与不确定。平时设计中常被忽略的材料选择、加工方式、组装精度、节点结构甚至造价等均对现实中的成果以诸多影响,带来材料实体与设计图纸的巨大的差异,这种建造体验对学生来讲是弥足珍贵的,教学强调"概念"到深化"抽象"再到选择"材料"以及"建造"完成的过程,学生能够真正识别现实中的建筑不是简单的"艺术品",而是具有复杂的"物质性"。

【教学进度安排表】

时间	教学内容	评价标准	备注
第一周 概念阶段	课题1:建构内在逻辑和秩序 现场调查和案例分析	案例的深度解析	布置任务书 选定场地
第二周 抽象阶段	课题2:材料的解析 1:10单体模型	模型形式与空间 逻辑	草模为PVC材料 每人1个模型
第三周 抽象、材料阶段	1:10优化模型二次公共讨论 评选出优选方案准备实施	逻辑清晰、简单 结构合理、形式 美成	公开评图 模型为3个方案 学生按优选方案分组
第四周 材料阶段	对选定方案深化、选择材料、确定实施方案、施工时序、人工	1:1模型的分类实 验 建构的可操作性	材料市场调研 分组讨论、比对材料
第五周 材料、建造阶段	材料加工与操作 节点设计、试搭材料	1:1模型构件 关键节点的试搭	分批实验材料 1:1体量模型建 造
第六周 建造价段	垃圾组装、组合 环境施工、调整	1:1实体模型建 造	检查材料构造 结构的特定性
	模型短视、整体效果	建造效果、建筑空间实况感进行旋游体验	建造效果、使用状况及深度进行旋游体验

【教学特点】

本课程强调对空间、材料以及材料与建构相互关系的理解与操作。空间以知+材料建构是设计基础"形式"以及知"的重要内容,也是本课程的主要关注点,沿袭"BEAUX ARTS"体系的传统中国建筑教育普遍关注并形式化的内容。材料、建构等核心,突需直接呈现生,学生对空间做少体验少,对材料知水平必须要的了解,对建构等知之,这也导致学生直接效果需思考避难,深化技术、而材料建构要能够通过对空间以知和建型制作的方式,树立空间以主线,并具有可操作性的建筑设计方法。

本课程还强调设计往往只完成模态+模型建构模拟,学生很难体验到最真实的建造过程,而材料建构通过概念-抽象、材料和建造三个阶段,在深度上实现概念深化,材料认知和建造全过程的身体验和训练。

本课程特别强调内容广度,在掌握建筑技术、建筑材料、建筑物理等基础知识上,关注建筑学的前沿理论和交叉学科,如复杂性理论介行心理学理论、参数化和数字化辅助设计理论等。

【题目任务书】

材料建构

建造教学作为一种强调材料与模型建构的建筑设计教学模式,是由学生自己完成建筑物件的设计与施工过程,其必要性和重要性日益被建筑教育界所认知并十分强调。建造可以更真切地感受真实的材料、结构、空间、尺度,更好地理解建筑设计现实的诸物理因素,体验以设计到料不,到模型制作,到建造并使用的全过程。

"建造实验"采取材料与模型建造的方式,以"亭"为题,要求学生设计并建造能提供人交通、停留的交往空间(1:1实体建筑),方亭能够应各种场地,能满足人的简单活动,如亭榭、1-2人围亭、穿行交通等。空间尺寸可控制2.1m x2.1m x2.1m。

主体材料限定为竹木材料(如木板条、标准木方等)金属材料(如角钢、门窗铝材等)PVC管材及其连接件,其他建筑材料等。

要求具体:
1.材料认知、案例分析以及改进构造；
2.方案设计(学生每人完成1个方案设计),提供1:10工作模型,全体同学和指导教师讨论,每组评选出2-3个方案进行优化。
3.深化设计,针对选定方案进行深化,选择材料及其节点并通过对模型进行试验,确定造价,材料加工方式,施工时序、人员分工等内容。

学生研究构造节点,以其为基础,探讨建构的可能性

学生对材料建构的构思研究

3采取以体验式的教学方法,教学上强调关注"此时此地",关注日常生活,改变习惯于从西方教科书里找答案,强调从实践出发,从日常生活出发解决现实问题,其实生活中处处存在着设计,设计的根本在于如何思考和解决问题。教学上强调课堂之外的体验,如市场调研,选择材料、加工、组装、传统技艺等,课堂上则通过公开评图、作业展以及参与设计竞赛等多种方式,进一步系统整理和完善模型建构与空间认知的多重体验。

第四阶段：建造

试错环节与施工建造。每组学生在材料与节点通过多次试错环节试验验证后，批量采购材料与配件，依据已确定的实施方案，对选购材料进行加工，然后通过现场装配施工，完成1：1实体模型的建造。建造完成后，及时对其建造成果、使用状况进行跟踪观察，发现材料与建造环节的不足与潜在问题，最终完成建构材料模型作业。

【教学难点】

课程周期、时间、场地等方面准备不足。课程周期为6周，尽管最后两周是模型实践的，但实际操作时间仍显局促，前期阶段方案比选学生热情高涨。中期阶段选选材料和形构反复复复，中周期的复复试错材料，拼装工作量巨大，学生以满负荷的强度连续连续施工，最终完成作业周期超过2周。

在设计过程中，学生依然有过分注重形态效果而忽视空间材料建构过程生理硬套的思维倾向，对实施成果难久缺足够的预判，对特定实际问题的动手解决能力不足，以及对特定材料特性的探索布不够。这需要在未来的教学过程中加强对学生设计过程的引导，更加注重对材料模型、建构以及相关的创新、技术等方面的知识积累，还有对后续建筑中建构内容的持续探讨与深入展开。

【教学总结】

材料建构作为设计基础教学的核心，在教学体系中起着承前启后的作用。既是设计基础理论与实践能力的综合训练与课程总结，又是后续建筑设计教学体系的开端。完成以认知材料建构为核心，设计中强调模型建造和空间体验，通过对材料的认识和理解，对实物的动手分析和体验以及对建构的动手能力的训练，使得学生学会"手一脑"的互动和互激，在后续的设计中学会真实地地的运用，准确地把握材料建构的空间营造。

不论是从教学过程中的反馈，还是从学生的成果来看，本次建筑学一年级所进行的"建造实验"课程教学改革，都达到甚至超出了课程设置的初衷。学生通过对材料建构与空间以知完整的认，对"从"概念抽象材料建造"的建筑活动的全过程，加以模型实验。加深了对材料建构的综合理解和认知；模型在设计过程中的重要性得到了量直接的体会，相信这次建造实验对学生后续的建筑学专业学习都会产生深刻的影响。

【部分学生作业及点评】

【与前后题目的衔接】

(1)横向衔接

"建造实验"课程有效整合了建筑设计基础和模型制作实践两门平行课程。通过"概念-抽象-材料-建造"四个阶段的推进，使得设计基础延续线"空间解析—空间构成—空间以知"为主线，将空间以知与模型制作有效结合，在保持线"空间"为教学核心的基础上，通过模型拓展线"与空间密联系的材料、体验等要素；设计到建造的全过程使得学生得以体会到面对空间与功能、材料与建构行为与体验等多组建筑学本质问题，从而在亲身经历基础上提高自身空间、建构思维的能力。

(2)纵向衔接

前一作业空间解析、空间构成

"建造实验"课程之前的是一年级下学期的空间解析和空间构成两个课程。学生已了解了空间的生成、组织和转换，熟悉空间组织的类型和组合特点已掌握了形式与空间的表达、生成和转换。"建造实验"的"概念-抽象-材料-建造"四个阶段中的前两个阶段，能有效应用空间解析和空间构成所学内容，并通过"材料"的引入，把设计重点的"向"建造"，在模型制作过程中理解"空间"，实现材料建构与空间以知。在原有的空间解析—构成这一认知"以上拓展形成包含空间、材料、建构的新的设计基础知识系统。

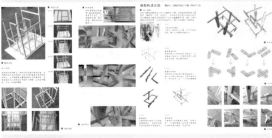

后一作业小型公共建筑设计

本课程之后是二年级上学期的第一个设计—小型公共建筑设计。小型公共建筑如茶室、书吧、花店等规模较小功能相对简单、内空间体系行为体验和基本建构的设计。因此，1实体建筑型的"建造实验"有助于加深对空间、建构行为方面的认知，能有效地拓展建筑设计中空间设计和建构的整体思路，空间设计和建构是促进建筑设计包括材料、构造、结构形式等方面的全面理解和掌握。"建造实验"可以看作是后续小型公共建筑设计的分解和准备动作。

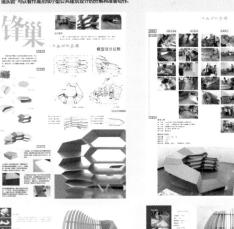

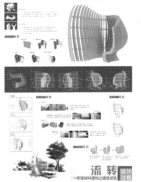

《亭·软建筑》点评：该课程作业以"软建筑"为核心概念通过杆件的设计组建形成效制定单元两通过单元两通过单元而建构材料选取了PVC管材及相关的连接件，最终模型尺度细腻，空间丰富，具有"柔软"的特征。缺点是复杂的结构关系导致安装时受力不均而有一定而变，为达到设计效果，最终模型作为所受力点采取加附加点以固。

《蜂巢》点评该课程作业以莲花端形双手为原型制成曲面底，提现纵向骨架构成。模型主要材料为木材三夹板，节点采用搭接方式辅助角铁为连接件，该课程作业空间构思想子蜂巢内边为形采取曲面的部分空间整体形成底内定的内为构易的为最主要曲面部分外状而成。《蜂巢》点评：该课程作业空间构思想子蜂巢内的以形成就的部分空间整体形成底内为构易的为构内定最主要曲面部分外状而成，空间整体采用这度度构易单元面这底曲面模型外状完成。最终建成效果以密度概念体现。最终成果采用了以密度概念建构的木材三夹板，切割就果在模形单元面这底内外热熔构成（连接件）固定而成。最终建成效果以密度度构易新最主要曲面部分外状而成。最终成果的最后模型显产生形变而不给人。

《浮线》点评该课程作业构思源于曲线在空间内为辅构路转能具取采用了多种规格的密度板、角码、螺杆等通过模拟曲线生在虚拟空间中的运动轨迹构成而成空间自由灵动、功能合理。不过，由于材料色泽并不基统一，强度不足且在空间中易受黑，虽然这部生衰大效差。最终模型有喷涂银粉来涂导致模型显本真性表达有不足的。

轻质建造——国际建造节、材料建造工作营

设计题目： 逸

轻质建造：2017 年同济大学国际建造节

指导老师： 齐靖、陈娜

学　　生： 陈颂、刘思齐、秦雅馨、李新月、严语天、盘德燊、周泽辉

Light Construction — International Construction Festival, Material Construction Work Camp

Design Title： EASE

Lightweight Construction: 2017 Tongji University International Construction Festival

Instructors： Qi Jing, Chen Na

Students： Chen Song, Liu Siqi, Qin Yaxin, Li Xinyue, Yan Yutian, Pan Deshen, Zhou Zehui

受力分析 Force analysis ⋯⋯⋯　行为，尺度与三视图 Action.scale and three-view drawing ⋯⋯⋯⋯⋯⋯⋯⋯⋯⋯⋯⋯⋯⋯⋯

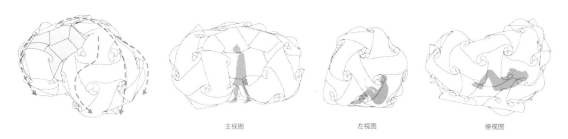

主视图　　　　　　左视图　　　　　　俯视图

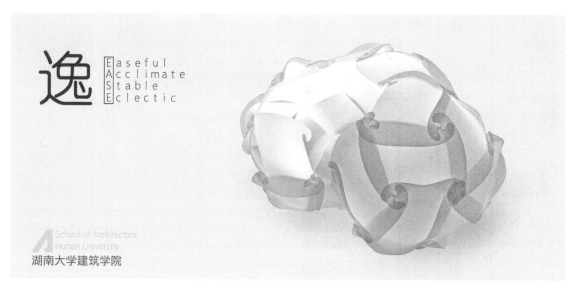

逸　**E**aseful
Acclimate
Stable
Eclectic

School of Architecture
Hunan University
湖南大学建筑学院

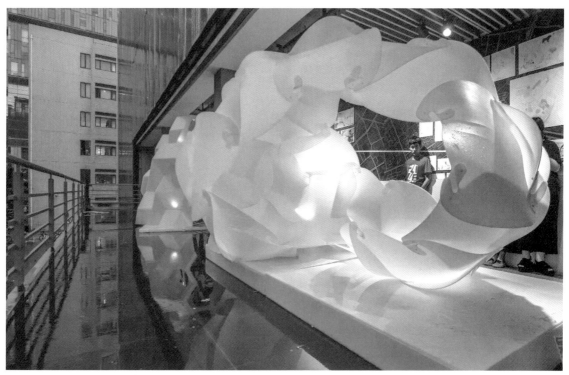

设计题目： 流涟
        轻质建造：2018 年同济大学国际建造节
指导老师： 钟力力
学　　生： 熊月、陈思奇、刘昕明、张薏、兰子千、陈潇、武文忻、肖玉凤

Design Title: Linger

        Lightweight Construction: 2018 Tongji University International Construction Festival
Instructor: Zhong Lili
Students: Xiong Yue, Chen Siqi, Liu Xinming, Zhang Yi, Lan Ziqian, Chen Xiao, Wu Wenxin, Xiao Yufeng

流涟

Team of
Hunan University
湖南大学代表队

设计题目： 结庐人境

轻质建造：2019 年同济大学国际建造节

指导老师： 邹敏、章为、钟力力

学　生： 刘昕宇、王玮玮、张越淇、赵阳、莫雨虹、申静茹、李仰濮、黄榜明

Design Title: Home Amidst the Human Bustle

Lightweight Construction: 2019 Tongji University International Construction Festival

Instructors: Zou Min,Zhang Wei,Zhong Lili

Students: Liu Xinyu, Wang Weiwei, Zhang Yueqi, Zhao Yang，Mo Yuhong, Shen Jingru, Li Yangpu, Huang Bangming

设计说明

本设计名为"结庐人境"，从"结庐在人境"展开意向，以编织为手法，最终形成了类似粽子的曲面形态，内部有六个相对独立的圆形小座席空间，亦有曲面环绕的复合空间。"结"指编织。本设计采用斜纹编织的手法对材料进行利用，充分发挥了 PP 中空板的弹性特性。"庐"指小房间。本设计利用编织形成的界面进行围合，营造了六个小空间，彼此之间形成三个进深层次；"人"指人体尺度。本设计的尺度为人体坐卧的尺度；"境"为意境。空间层次的多样传达出古典园林的意境。

第一步　　　　　第二步　　　　　平面图　　　　　立面图　　　　　立面图

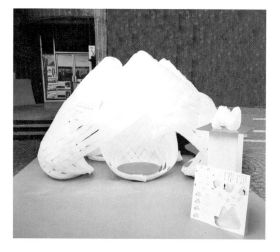

空间序列示意

建造过程

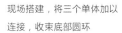

在现场对材料进行计算、
切割及连接加工

进行材料的编织，制作
建构的顶面

进行内部编织，制
作三个单体

现场搭建，将三个单体加以
连接，收束底部圆环

评委现场点评及指导

设计题目： ENCOUNTER
轻质建造：2021年同济大学国际建造节
指导老师： 齐靖
学　　生： 方明珠、卢帅东、彭泽坤、王一众、李佳、任俊霖

Design Title: Encounter
Lightweight Construction: 2021 Tongji University International Construction Festival
Instructor: Qi Jing
Students: Fang Mingzhu, Lu Shuaidong, Peng Zekun, Wang Yizhong, Li Jia, Ren Junlin

方案定型

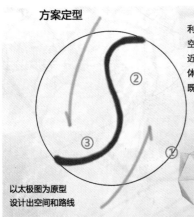

以太极图为原型
设计出空间和路线

利用长方形 3×4 场地，分为两条流线相隔却共用同一面而墙紧密相连。方案设定为三个私人空间，三个空间开放度各不相同，一侧入口较开放，一侧尽头较密闭，另一个单独位于另一侧，近乎全开放，与前方三角锥靠台共同构成小型广场长窄路径，富有趣味且达到隔离的效果。整体方案侧部开窗较多，且尝试设置活动窗口，达到更大程度的通风，空间设置高低、宽窄变化，既考虑人体感受，又融入主题概念。

1：1 模型图片

着手搭建：先按连接位置将整个模型分为七个小块，各自分工拼接好后，再在搭建地进行组装。同时因为实际情况对方案进行调整，最后搭建成1:1实体模型。
材料准备：前一天把需要的铰铁和PP中空板处理好，第二天开始搭建。由于气温过高和拍照需要，搭建地点进行了几次转移，对组装好的节点有不小的影响。

1:1模型照片

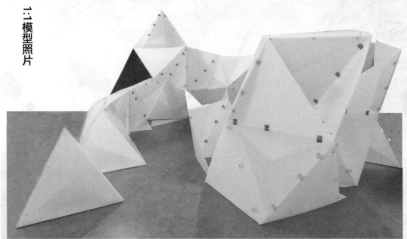

设计题目： 方止：红与灰

轻质建造：2021 年同济大学国际建造节

指导老师： 齐靖、陈娜

学　　生： 赵欣、高淑婷、毛骁扬、王一帆、陈骁鹏、罗焱天

Design Title: Square：Red and Gray

Lightweight Construction: 2021 Tongji University International Construction Festival

Instructors: Qi Jing，Chen Na

Students： Zhao Xin, Gao Shuting, Mao Xiaoyang, Wang Yifan, Chen Xiaopeng, Luo Yantian

修改后的方案

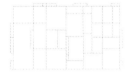

整体降低至2200mm　　内部墙根据其功能弯折分割空间　　立面不稳可采用双扣板，适当延长肋，避免其歪斜

人体尺度

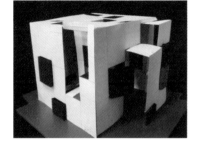

入口设置不同高度，初步分离人流　　根据小孩与大人身高开窗

采光

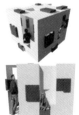
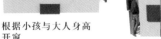

内部墙连接地与顶面，起支撑作用　　部分细节处做修改，以连接顶面，增加支撑，并减小跨度

设计题目： 互

轻质建造：2021 年同济大学国际建造节

指导老师： 陈娜

学　　生： 李乐菡、石立、宋沁蒙、卢美金、杨璐、王雅萌

Design Title: Interactive

Lightweight Construction: 2021 Tongji University International Construction Festival

Instructor: Chen Na

Students: Li Lehan, Shi Li, Song Qinmeng, Lu Meijin, Yang Lu, Wang Yameng

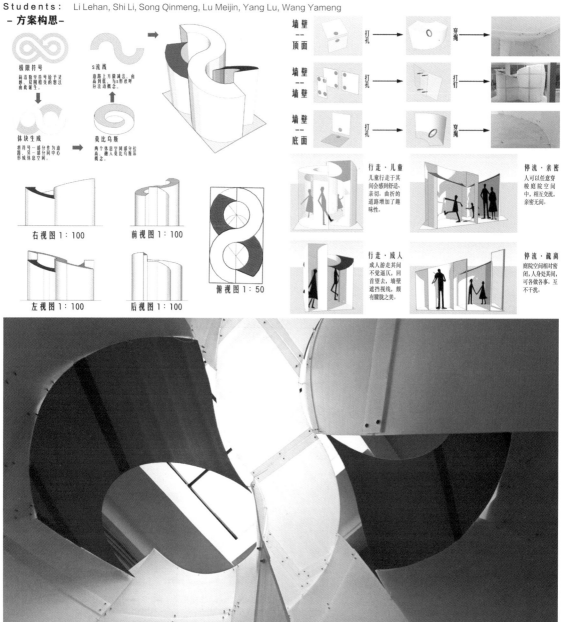

设计题目： 隔望
轻质建造：2021 年同济大学国际建造节
指导老师： 邹敏
学　　生： 蒙拉、姜佳辰、唐艾乐、吴昕瑜、冼浩进、王春丽

Design Title: Through
Lightweight Construction: 2021 Tongji University International Construction Festival
Instructor: Zou Min
Students: Meng La, Jiang Jiachen, Tang Aile, Wu Xinyu, Xian Haojin, Wang Chunli

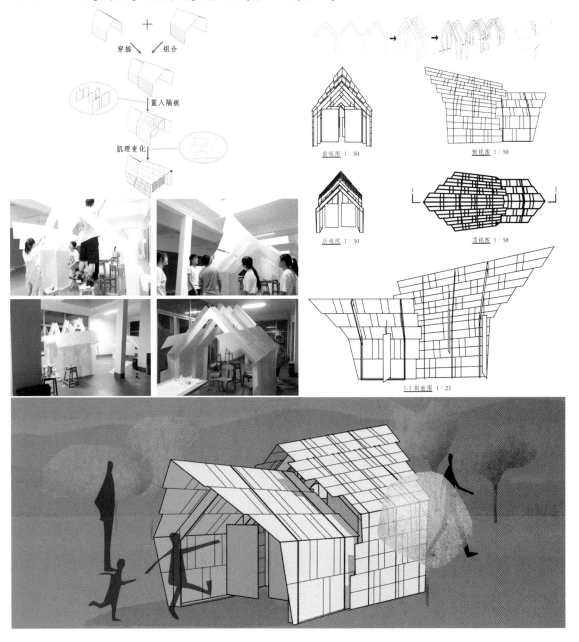

主题建造——梦想家建造节、材料建造工作营

设计题目： 时光机

主题建造：2017 年湖南省梦想家建造节

指导老师： 齐靖

学　　生： 刘航、吴灿、梁文超、徐铭声、于思璐、

赵茂繁、杨可翘、王麒毓、高畅

Theme Building — Dreamers Building Festival,Physical Building Work Camp

Design Title: Time Machine

Theme Construction:2017 Hunan Dreamer Construction Festival

Instructor: Qi Jing

Students: Liu Hang, Wu can, Liang Wenchao, Xu Mingsheng, Yu Silu,

Zhao Maofan, Yang Keqiao, Wang Qiyu, Gao Chang

人字形的单元体，充分利用了PP中空板的弯折材料特性，一块单元板向两个方向的弯折，既产生了流畅的线型，又形成类似于三角形的稳定结构，实现了结构与美观的结合，并以对材料最佳受力特性的分析作为基础。

单体生成与拼接
Monomer Generation and Lap

以中国古代拉花工艺为原型，利用PP板的单向弯折性与弹性，将平面PP板拉成空间立体支架，利用单体间各部分的规律性错位，使单体间拉出一定的小拱形，形成垂直方向上向内覆盖的趋势与水平方向上由高到低的错落。

类似于编织式的拼接方式，充分利用单元体自然形成的空隙进行穿插，使得形体形成了独特的流线形，也产生了镂空式的光影效果。

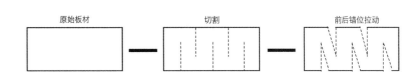

| 原始板材 | 切割 | 前后错位拉动 |

Mottled light and shade is the track of time shuttle.

Time Machine

设计题目： 鸿蒙
主题建造：2017 年湖南省梦想家建造节
指导老师： 钟力力
学　　生： 于烁、徐畅、姜逖鸽、柳迪越、邱凤鸣、任心远、符榆

Design Title: Harmony
Theme Construction:2017 Hunan Dreamer Construction Festival
Instructor: Zhong Lili
Students: Yu Shuo, Xu Chang, Jiang Tige, Liu Diyue, Qiu Fengming, Ren Xinyuan, Fu Yu

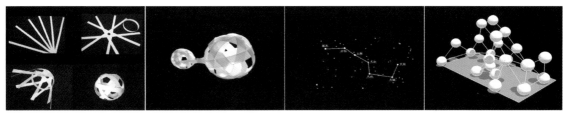

单体制作　　　　　连接方式　　　　　灵感来源　　　　　轴测图

设计题目: 盘虬

主题建造: 2017 年湖南省梦想家建造节

指导老师: 钟力力

学　　生: 赵娅琨

Design Title: Weave

Theme Construction:2017 Hunan Dreamer Construction Festival

Instructor: Zhong Lili

Student: Zhao Yakun

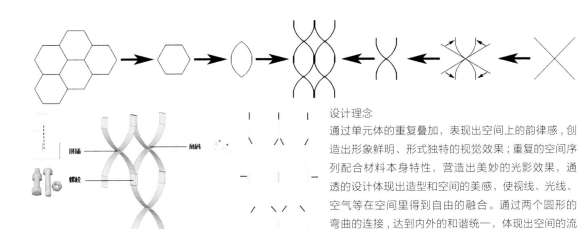

拼插 —— 角码

螺栓

设计理念

通过单元体的重复叠加，表现出空间上的韵律感，创造出形象鲜明、形式独特的视觉效果；重复的空间序列配合材料本身特性，营造出美妙的光影效果，通透的设计体现出造型和空间的美感，使视线、光线、空气等在空间里得到自由的融合。通过两个圆形的弯曲的连接，达到内外的和谐统一，体现出空间的流动感。

空间分析

由建构的顶、壁、地围合而成的内部，"盘虬"由×形状单元体组成，有韵律感，空间开敞，公共性较强，围和透相辅相成，不会完全遮住视野，透过建构的壁顶依然可以看到内外。建构总体为曲线，走近不会一眼看穿内部，增加了建构的趣味性。在2×4×3的范围内，一个正常身高的成年人可站立其中，不会使人感到过分压抑，也不会由于太高而不亲切，并可以产生人与建构之间的互动。

建造成果

设 计 题 目: 燃

　　　　　　主题建造：2017 年湖南省梦想家建造节

指 导 老 师: 齐靖、陈娜、邹敏、胡曷、章为、钟力力

学　　　　生: 赵小会、丁未央、许文禹、张聪、
　　　　　　李思佳、翁鸿祎、苏雯玲、刘彪、石展

Design Title:　Burn

　　　　　　Theme Construction:2017 Hunan Dreamer Construction Festival

Instructors:　Qi Jing, Chen Na, Zou min, Hu Biang, Zhang Wei, Zhong Lili

Students:　Zhao Xiaohui, Ding Weiyang, Xu Wenyu, Zhang Cong,

　　　　　　Li Sijia, Weng Hongyi, Su Wenling, Liu Biao, Shi Zhan

火的意象

单体连接

单体组合

建构流线

空间结构

设计题目： 织梦

主题建造：2018 年湖南省梦想家建造节

指导老师： 钟力力

学　　生： 高雨寒、杨思昀、谭季茹、肖昱、梁思蕊、蔡仁山、汤晟晖、徐成

Design Title:　Dream Maker

Theme Construction:2018 Hunan Dreamer Construction Festival

Instructor:　Zhong Lili

Students:　Gao Yuhan, Yang Siyun, Tan Jiru, Xiao Yu，Liang Sirui, Cai Renshan, Tang Shenghui, Xu Cheng

拱形的单元体互相搭接并逐渐升高，以弧形来表达整个渐变的过程，围合成具有向心性的空间。通过编织镂空的特点，打破空间的封闭性，形成丰富的视线关系及空间体验。构筑物单元体高度由高到低渐变，参考的是孩子从站立到爬行的活动尺度。它的形态像为儿童编织的可以做梦的暖巢，如在其中穿梭，阳光会从缝隙中倾泻下来，时光仿佛在其中流淌。这是一个梦幻般的空间，我们便为它取名"织梦"，也应了"梦想家"的主题。

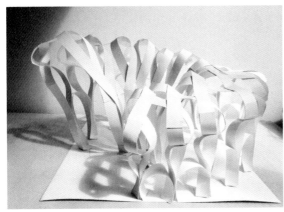

设计题目： 主题建造：2019 年湖南省梦想家建造节
指导老师： 章为、邹敏、胡弱、陈娜、钟力力、齐靖
学　　生： 2018 级建筑专业全体本科生

Design Title: Theme Construction:2019 Hunan Dreamer Construction Festival
Instructors: Zhang Wei, Zou min, Hu Biao, Chen Na, Zhong Lili, Qi Jing
Students: All students majoring in architecture of grade 2018

获奖颁奖现场

对建造节意义的理解

我们的前期设想或许是很美好的，但在动手的过程中却问题层出。建造让我们在实践中将飘在空中的想法落到了地上。在方案的推进中我们学会了综合考量材料特性、人体尺度等，一次又一次地去解决问题。这样的经历是日常作业中难以收获的宝贵财富。

设计理念

"长沙小星，下应长沙"，如"长沙星"在长沙的上空一样，"星河"中的每一颗星星都在固定的轨道上，照应着"三环"轨的中心。"星星"组成的曲面，通过扭转、拼接形成了一个充满童趣、又有夜晚的长沙诗意的空间。

设计题目： 耳朵会发光

主题建造：2021 年湖南省梦想家建造节

指导老师： 章为、钟力力

学　　生： 曹宇辰、席龙潇、丁一凡、张蓝兮、陈庭玮、刘馨怡、刘佳琳、易海鹏

Design Title: The Glowing Ears

Theme Construction: 2021 Hunan Dreamer Construction Festival

Instructors: Zhang Wei, Zhong Lili

Students: Cao Yuchen, Xi Longxiao, Ding Yifan, Zhang Lanxi Chen Tingwei, Liu Xinyi, Liu Jialin, Yi Haipeng

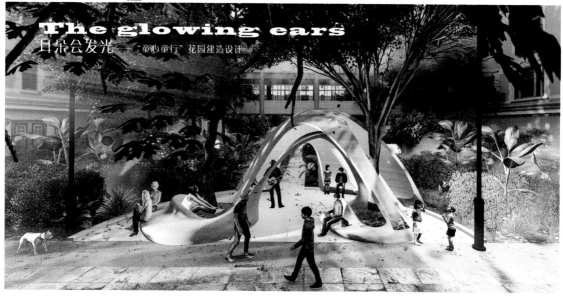

为了培养学生的团队协作能力、专业实践能力，开发学生潜能和创新精神，本届设计节以"童心·童行"为主题，为儿童搭建一个想象的空间，并为长沙市特殊教育学校儿童开展规划设计落地，旨在引发全社会对"儿童友好"的更多关注。

长沙市特殊教育学校是我国创办历史最悠久的特殊教育学校之一。其历史溯源于 1908 年德国友人顾蒙恩女士创办的长沙瞽女院和 1916 年盲人刘先骥先生创办的长沙导盲学校。学校集视障、听障、智障以及发展障碍等多类残疾人教育于一体，包含学前康复、九年义务教育、中等职业技术学习的视力、听力、智力残疾儿童、少年、青年。现本部校区约有学生 625 人。本部校园位于长沙市西二环北侧南园路 2 号，占地面积约 54000 ㎡。校园内建筑包括教学楼、宿舍、办公楼、游戏空间、运动场、风雨操场等教育运动场所，建筑内部空间能满足基本的教学及生活需求，但局部空间还可进一步优化，以满足学生在学习和生活上的更多需求。

为弘扬"人和为本、点亮生命"的办学理念，培养"能生存、会生活、懂合作、乐学习"的育人目标，营造更加适合特殊儿童行为和心理特征的校园环境，提升现有校园空间的趣味性、交流性、美观性，促进孩子们在课堂内外的学习主动性，提升探索世界的内驱力。

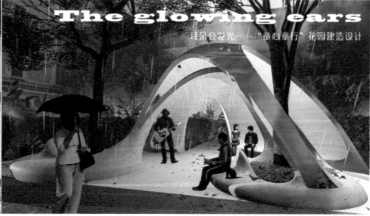

多元建造——国际高校建造大赛、竹建造节

设计题目： 竹台轩

多元建造：2018 年国际高校建造大赛

指导老师： 钟力力 等

学　　生： 李彦、周妍、韦帛邑、周延彬、李婉玲、周培、谢杰、

陆宽、王子、严淑敏、黄子珊、李松岭、吕双、柯燕萍

Diversified Construction—International University Construction Competition,Bamboo Construction Festival

Design Title: Bamboo Platform

Diversified Construction: 2018 International University Construction Competition

Instructors: Zhong Lili, etc

Students: Li Yan, Zhou Yan, Wei Boyi, Zhou Yanbin, Li Wanling, Zhou Pei, Xie Jie,

Lu Kuan, Wang Zi, Yan Shumin, Huang Zishan, Li Songling, Lv Shuang, Ke Yanping

工作营介绍

2018 年"第三届国际高校建造大赛"走进万安夏木塘村，竞赛邀请了清华大学、同济大学、东南大学、南京大学、华南理工大学、西安建筑科技大学、中央美院、湖南大学、重庆大学等国内外 20 所知名建筑高校，通过"趣村夏木塘"聚集起来，探讨如何赋予在地文化以具有国际视野的文化标杆性，达到从功能到生活方式的全面提升。

本次竞赛设计类型多且灵活，各高校团队自由选择基地、提出问题，并用设计提出解决问题的策略，提升所选区域的设计品质，用设计激发区域的活力。

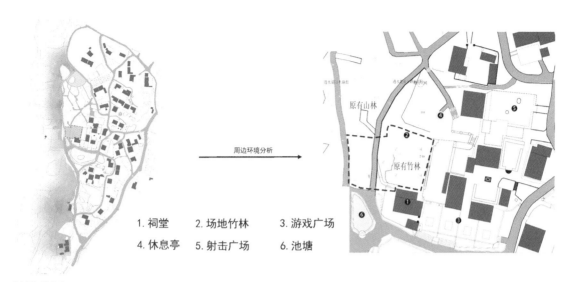

周边环境分析 →

1. 祠堂　　2. 场地竹林　　3. 游戏广场

4. 休息亭　　5. 射击广场　　6. 池塘

原有山林

原有竹林

基地分析

场地南邻村落祠堂，西南角有一处水塘，西侧有步道连接至村落他处。场地内部被三堵呈阶梯状分布的矮墙分为三个高度的台地，茂林修竹，竹影绰约。因此在设计中，我们希望在林下空间制造一定的"限定"，这种限定对场地的介入应该是轻质的，并且可以和竹林相互融合、相互关联、共同生长。

场地中的竹子大多纤细且茂密，它是场地中最主要的元素。

场地主要以坡地为主，呈现出三段式的台地关系，坡度存在感很强，是设计过程中不可或缺的条件。

设计思路

希望在林下空间以消解为线状的界面介入，营造出一种模糊的空间感。这种介入是轻质的，并且可以和竹林相互融合、相互关联、共同成长。

最终的作品"竹台轩"尝试以"空间建造之趣"的主题、"轻介入"策略通过半透悬浮、筑台漏墙、曲径竹影等操作重构场地和激活空间，表达出对自然环境的尊重和对传统村居的理解。

场地中零星散布着几片矮墙，相互围合的过程中也形成了较为有趣的空间。

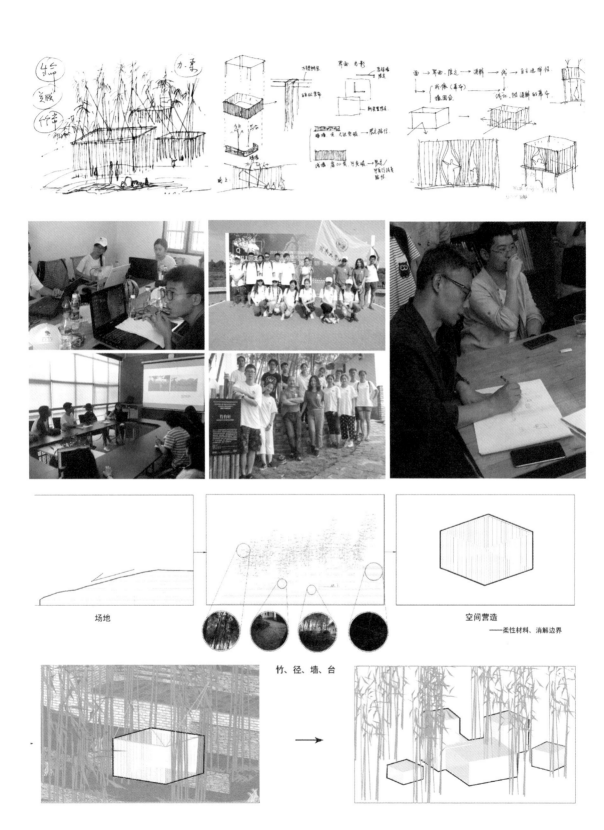

场地

空间营造
——柔性材料、消解边界

竹、径、墙、台

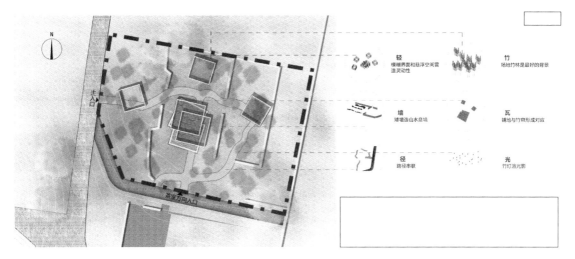

轻	模糊界面和悬浮空间营造灵动性	竹	场地竹林是最好的背景
墙	矮墙造山水意境	瓦	铺地与竹帘形成对应
径	路径串联	光	竹灯渲染光影

设计说明

场地位于浅丘的坡脚,处于村落的人居空间与自然环境的过渡地带;场地中自然呈现三段台地关系,这两种不同大小的环境尺度成为我们设计的出发点。设计采取轻质介入的策略,通过轻盈、半透的方盒子悬吊于竹子之上置入场地,盒子主要材料为薄膜,暧昧、柔软、朦胧营造了空间独特的氛围,并增加了场地的层次感和趣味性,自然成为场地的视觉中心;同时以矮墙重新界定空间,并缝合环境中的不同尺度;再者,巧妙设置路径,整体组织盒子、矮墙、竹子等,带给人丰富生动的空间体验。

施工准备 ➡ 修砌砖墙 ➡ 铺卵石路 ➡ 绑扎竹子

铺瓦地面 ⬅ 悬吊盒子 ⬅ 悬挂 TPU 膜 ⬅ 悬吊钢框

擦洗 TPU 膜 ➡ 手作家具 ➡ 安装灯带 ➡ 种植绿化

设计题目: 拾光

多元建造:2016 年竹建造节

指导老师: 邹敏 等

学 生: 黎啸、王元春、宋静然、邹智乐、钟绍声、
邓天驰、曾小明、沈涛、伍梦思、刘萌旭

Design Title: Catch Light

                  Diversified Construction: 2016 Bamboo Construction Festival

Instructors: Zou Min, etc

Students: Li Xiao, Wang Yuanchun, Song Jingran, Zou Zhile, Zhong Shaosheng

                  Deng Tianchi, Zeng Xiaoming, Shen Tao, Wu Mengsi, Liu Mengxu

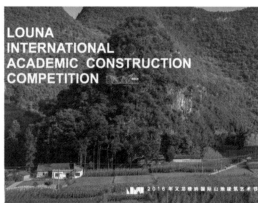

作为"楼纳国际山地建筑艺术节"的重要组成部分,"首届楼纳国际高校建造设计大赛"在贵州黔西南州楼纳国际建筑师公社落地。首届楼纳国际高校建造设计大赛以"露营装置"为主题,是以"竹"为材料的设计实践,力求使建筑系学生在从设计到建造的过程中,加深对材料、形态、空间的理解与认知。

首届楼纳国际高校建造设计大赛邀请国内外建筑院校师生针对楼纳的山林、田野等进行自然建筑的探讨,同时对建筑师如何介入乡村复兴进行反思与尝试。这不是一次生硬的建筑"植入",而是山峦田野间的文化"絮语",也是一次与现代性与地域性的"对望"。

选址:在现有规划范围内自由选址,可为田间小屋、山脉上的小屋、树屋等。

空间形式:不限,可全封闭,亦可半封闭。大赛鼓励概念及表现方式的创新,但需满足基本的人体尺度,注重人与空间的相互关系。

建筑使用者:1 ~ 3 人的露营者

占地面积:不大于 12 ㎡

功能要求:舒适的寝卧功能,可自设附加功能(如厨卫、阅读等)

设计方案图纸:需阐述概念生成及实体搭建两部分

初期方案

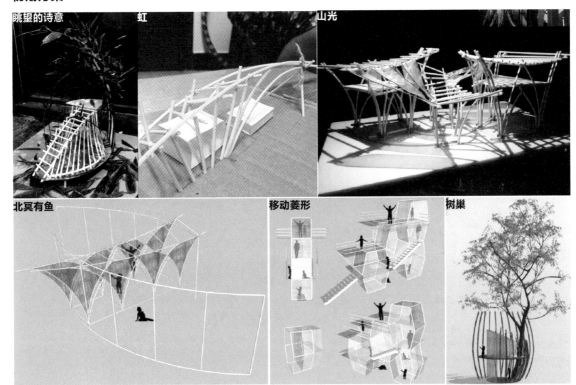

提出问题

在进行众多初期方案创作时，每个方案几乎都利用到了竹子的弯曲和大跨度的支撑来形成空间。当对各自的方案进行评判与选择之时，发现即使每个方案的造型与空间都大不相同，但是站在可观的角度上我们并没有办法去评判众多方案的优劣。

紧接着，小组成员们发现如果要完成这些弯曲的形式或者大跨度的支撑所形成的形式，似乎使用其他的建筑材料（比如钢材、木材）会比竹材完成的效果更佳，跨度更大，弯曲更自由，构造方式更便捷稳固。那么，到底什么才是最真实的竹构建筑体现？表达竹材之美一定要弯曲或者追求大型的跨度吗？

思考问题

在研究竹子的使用与建造方法时，组员们查询资料发现：中国传统的建造工艺是匠人千百年来智慧的结晶，遗憾的是很多手法已经失传。我们认为作为一名中国的建筑师，应该向匠人学习，用质朴而巧妙的手法来建造。因此，组员们选择了类似榫卯的拼插方式，整个建筑不用一颗钉子和黏结材料。

蜂巢中空间组织的合理化和高效化让组员们开始尝试建造成由模块组合起来的构筑物。将建筑划分成若干个模块，以拼插的方式进行组装，如同玩积木一样简单、灵活。并且考虑空间延展的可能性，使得其不仅是构建的模块化，同时也是建筑空间的模块化。提高拼装的效率，节约成本，并且更加环保。

概念生成

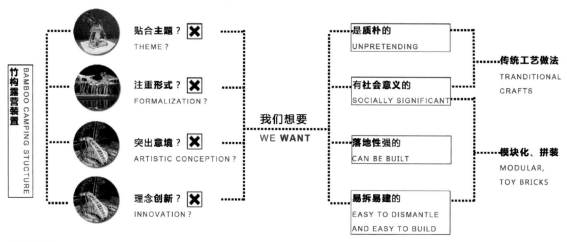

竹构露营装置 BAMBOO CAMPING STUCTURE

贴合主题？ THEME？ ✖
注重形式？ FORMALIZATION？ ✖
突出意境？ ARTISTIC CONCEPTION？ ✖
理念创新？ INNOVATION？ ✖

我们想要 WE **WANT**

是质朴的 UNPRETENDING
有社会意义的 SOCIALLY SIGNIFICANT
落地性强的 CAN BE BUILT
易拆易建的 EASY TO DISMANTLE AND EASY TO BUILD

传统工艺做法 TRANDITIONAL CRAFTS

模块化、拼装 MODULAR, TOY BRICKS

建造流程

SELECT MATERIAL　CUTTING　POLISH　ENGROOVE　BUILD　COMBINATION

将设计立意定位为：寻找和探索一种能被平民所接受的、易推广的竹建构美学。

通过对竹子空桶装的形式、有竹节的结构、竹面与竹肉纤维强度进行探讨，把竹材看成一种纯粹的建筑材料，从构造到肌理，希望竹材在整栋小屋的各个角落都尽情地释放特有的构造与形式的魅力。

设计者希望即便是没有接受过建筑专业学习的人，甚至是小孩，都可以根据自己的能力和偏好，营造属于他们自己的宿营小筑。

方案设想

1
D 驴友出行前学习了湖南大学竹构营造法，并在楼纳进行尝试。

2
W 驴友在互联网上结识了 D 驴友，受到 D 驴友来自楼纳的邀请，并获得一栋竹屋的承诺。

3
D 和 W 在楼纳进行艺术创作，相识几个志同道合的驴友，几人决定成立露营体。群落不远处也开始出现模仿者。

4
创始人决定通过互联网招募的形式扩大团队规模，竹构群落进一步向周边蔓延。周边的群落也逐渐发展壮大。

5
最初的 D、W 露营团队最终发展到俱乐部规模，并将周边小型团队合并。各群落通过竹单元连成片，形成大地景观。

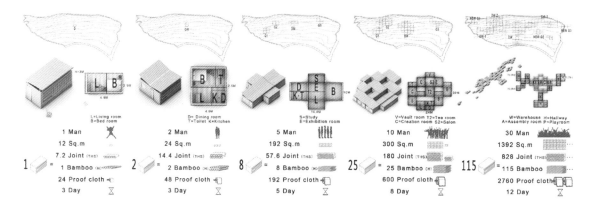

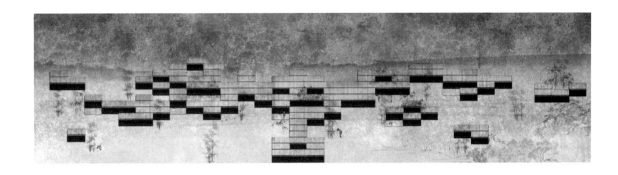

"一种低姿态的探索与追寻，而非一种刻意的张扬与展示"

"拾光"小屋围绕"传统""模块化""易建""光影"等元素，通过宿营这一特定行为研究"竹筒墙"片段能够带来的可能性。从建造本身出发，我们尝试传统卯榫插接的方式，挖掘竹子本身的材料性能，探索工厂的模块化加工，最终找到了一种简单明了的构建方式。

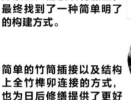

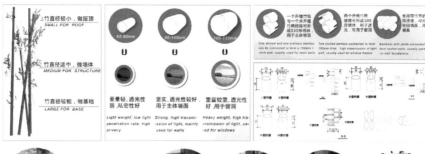

简单的竹筒插接以及结构上全竹榫卯连接的方式，也为日后修缮提供了更好的便捷性，较好地解决了竹材耐久性差的问题。

STEP1 防腐　　STEP2 切割　　STEP3 开槽　　STEP4 打磨　　STEP5 敲紧　　STEP6 组装
Preservative　　Cutting　　Notch　　Polish　　Percuss　　Install

模块化建造的一大问题

由于模块化的建造要求，我们设计的房屋需要统一规格直径的竹筒上千个，但是一根 5.5m 长度的正常成竹，从头部到尾端的竹径变化为 8cm~12 cm。也就是说一根 5.5m 长度的竹竿，可以切出直径约 8cm、9cm、10cm、11cm、12cm 的竹筒各 10 个，而建设"拾光"小屋只需要一种统一直径的竹筒。那么，建设 1 栋"拾光"小屋所需要的成竹与建设 5 栋"拾光"小屋所需要领取的成竹数量几乎是一样的。而且，建设 1 栋"拾光"小屋，会浪费所领取成竹近 4/5 的部分。但是，本次实际建造时间只有两个星期，建造规则为领取成竹配合师傅自主加工，并且是建造一栋展示自己设计的小屋。所以，湖南大学参赛队的成员们在现场对原始的方案做出了修改。

问题解决

1. 墙体的修改

为了保留我们模块化的建筑理念与保留我们墙体的光影韵律，又因为每个竹筒的直径都大小不一，我们决定将原来每个竹筒的统一直径模块尺度扩大到一个 600cm×400cm 的由竹筒组成的模块。

2. 框架的增加

因为方案设计发生了改变，竹筒的大小不一、手工制作的误差以及巨大的工作量，使我们无法像原始方案一样把整面墙用竹筒自身插销的方式拼接成一面整体，那么，我们需要一个框架来联系竹筒模块单元与应对墙体的侧推力。

在框架的搭建中，我们坚持"竹"的理念，与师傅们讨论搭接的方式，通过竹子自身空腹、竹面纤维坚韧等特性，运用竹材套筒、虎口、插销等做法实现全框架、无任何竹子之外的其他材质连接。

建造过程

桩础　　　　　　横向龙骨　　　　　　支撑柱　　　　　　屋顶骨架

屋顶　　　　　　室内地板　　　　　　室内墙　　　　　　室外景观

建造成果

其他学校建造成果

重庆大学　　　华南理工大学　　　沈阳建筑大学　　　西南交通大学　　　内蒙古工业大学

东南大学　　　天津大学　　　中央美术学院　　　同济大学　　　华中科技大学

专题六：素描——美术基础
Topic 6: Sketch—Art Foundation

开课学期：大一秋季学期

Semester: Autumn semester of first grade

教师团队
Teacher team

陈清海　　　吴志勇　　　胡梦倩　　　明晖
Chen Qinghai　Wu Zhiyong　Hu Mengqian　Ming Hui

课程介绍
Course introduction

本课程主要传授素描的基础理论、基本知识，培养学生的绘画实践能力，掌握正确的素描观察、思考和表现方法。以"线条""结构""明暗"等为基本表现手段，培养学生掌握空间思维方法和形体结构的表现能力。

1 教学目标

让学生明确素描的基本概念，通过素描基础理论的学习和基本技能的训练，培养学生分析和理解的能力，掌握从整体出发的立体造型方法。

2 教学进阶

2.1 素描基本理论讲述：素描概述；素描造型的基本手段；素描工具及使用；素描的观察和分析方法；素描的要则。

2.2 石膏几何体结构素描写生练习：了解素描的性质、特点、内容、要求和审美原理；理解石膏几何体的结构和透视关系。

2.3 石膏几何体明暗素描写生练习：了解素描中光的作用和原理，认识和理解光影作用下的明暗关系，体会和建立关于体积的整体构建方式。

2.4 静物结构素描写生练习：从结构入手了解素描的观察方法，理解透视原理和构图原理，画面物体的主次虚实关系，培养空间意识。

2.5 静物明暗素描写生练习：了解素描的黑白灰、主次虚实关系，认识和理解物体的质感和量感，对不同物体及自然形体的刻画。

This course mainly teaches the basic theory and knowledge of sketch, cultivates students' painting practice ability, and enables them to grasp the correct methods of sketch observation, thinking and expression. Take "line", "structure" and "light and shade" as the basic means of expression to cultivate students' ability to master spatial thinking methods and expressive ability of physical structure.

1 Teaching Objectives

Let students clarify the basic concept of sketch, cultivate students' ability of analysis and understanding, and make them master the three-dimensional modeling method from the whole through the study of basic sketch theory and the training of basic skills.

2 Advanced Teaching

2.1 Basic theory of Sketch: Sketch overview; The basic means of sketch modeling; Sketch tools and use; The observation and analysis methods of sketch and the essentials of sketch.

2.2 Sketch practice of gypsum geometry structure: understand the nature, characteristics, content, requirements and aesthetic principles of sketch, and understand the structure and perspective relationship of gypsum geometry.

2.3 Sketch practice of light and shade of gypsum geometry: understand the function and principle of light in sketch, recognize the light and shade relationship under the action of light and shadow, and experience and establish the overall construction mode of volume.

2.4 Sketch practice of still life structure: start with the structure, understand the observation method of sketch, comprehend the perspective principle and composition principle, the primary and secondary virtual real relationship of picture objects, and cultivate space consciousness.

2.5 Still life light and dark sketch practice: understand the color of black, white and gray, primary and secondary virtual and real relationship of sketch, understand the texture and sense of quantity of objects, and depict different objects and natural forms.

学生：尹嘉丞

学生：滕嘉祺

学生：王悦鑫

学生：梁思盈

学生：王馨梓

学生：霍科睿

专题七：建筑钢笔画——美术基础
Topic 7: Architectural Pen-drawing—Art Foundation

开课学期：大一春季学期

Semester: Spring semester of first grade

教师团队

Teacher team

吴志勇　　　陈清海　　　胡梦倩
Wu Zhiyong　　Chen Qinghai　　Hu Mengqian

课程介绍

Course introduction

通过该课程的教学，使学生在素描基础上，深入理解物体形态相互之间的形式美感，强调思维的灵活性、艺术的敏感性的养成，使学生掌握视觉艺术的基本原理，以真实独特的审美创造个性化的造型，为未来的专业学习打下良好的基础。

1 教学目标

以感知训练为基础，以透视原理为依据，培养学生敏锐的观察力、正确的分析力、透彻的理解力；让学生基本掌握室内外风景写生的表现方法，特别是速写方法；熟练掌握透视的原理，能快速徒手表现基本形体结构和明暗关系。

2 教学进阶

2.1室内空间环境表现练习：重点练习空间感、透视现象、形状差异、前后虚实、明度对比。要求学生准确表现形体比例、室内空间尺度、形体透视及明暗关系。

2.2自然风景、建筑风景写生练习：强调画面的构成、形式美感、线条表现和黑白色块的综合运用。通过对自然景物及建筑物体的提炼、概括、夸张表现练习，基本掌握建筑及环境风景写生的表现方法，提高对空间结构与明暗关系的表现能力。

2.3自然风景、建筑风景速写练习：重点把握对形体的概括能力，注重个性和艺术培养，注重构成、线、明暗结构方面的表现和研究。

Through the teaching of this course, students can deeply understand the formal beauty between object forms on the basis of sketch.This course emphasizes the cultivation of thinking flexibility and artistic sensitivity, enables students to master the basic principles of visual art, creating personalized shapes with real and unique aesthetics, and lay a good foundation for professional learning in the future.

1 Teaching Objectives

Based on perception training and perspective principle, cultivate students' ability of keen observation, correct analysis and thorough understanding, so that students can basically master the expression methods of indoor and outdoor landscape painting, especially the sketch methods. Master the principle of perspective, and be able to quickly express the basic physical structure and light and shade relationship with bare hands.

2 Advanced Teaching

2.1 Indoor space environment performance exercise: Focus on the sense of space, perspective phenomenon, shape difference, before and after virtual reality, lightness contrast. Students are required to accurately express the body proportion, indoor space scale, body perspective and the relationship between light and shade.

2.2 Sketch practice of natural landscape and architectural landscape: It emphasizes the composition of the picture, formal beauty, line performance and the comprehensive application of black and white color blocks. Through the practice of refining, generalization and exaggerated expression of natural scenery and architectural objects, we can basically master the expression methods of architectural and environmental landscape painting, and improve the expression ability of spatial structure and the relationship between light and shade.

2.3 Sketch exercises of natural scenery and architectural scenery: Focus on the ability to summarize the body, pay attention to the cultivation of personality and art, and pay attention to the performance and research of composition, line and light and dark structure.

《群树环合》　学生：韦盈秀

《爱晚亭》 学生：梁思盈

《岩上望亭》 学生：林康豪

《水亭幽处》 学生：艾昱汝

《小树林》 学生：闫清仪

《圣域》 学生：闫清仪

《佛宫寺释迦塔》 学生：王晓

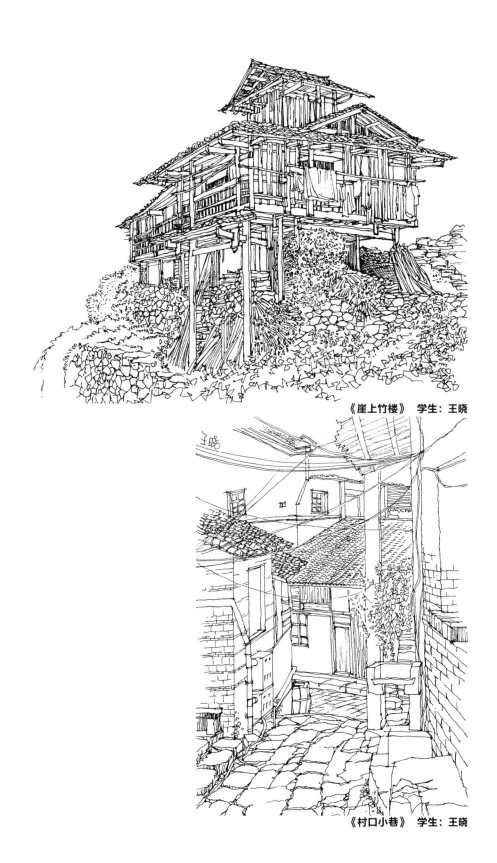

《崖上竹楼》 学生：王晓

《村口小巷》 学生：王晓

《群青怀池》 学生：林康豪

《哈尼梯田》　学生：陈俊海

专题八：水彩——专业美术
Topic 8: Watercolor—Professional Art

开课学期：大二秋季学期

Semester: Autumn semester of second grade

教师团队

Teacher team

陈飞虎　　黄茜　　胡梦倩　　明晖
Chen Feihu　Huang Qian　Hu Mengqian　Ming Hui

课程介绍

Course introduction

通过该课程的教学，使学生掌握基本的绘画色彩知识，认识色彩的形式美感、色彩的空间美感和色彩的情绪美感，培养学生的观察能力、分析能力和审美观念。并且通过课程实践使学生初步掌握运用色彩手段完成造型，从而为专业学习奠定良好的色彩艺术素养。

1 教学目标
培养学生对艺术色彩、形式的认识和表达，提高色彩的艺术素养。

2 教学进阶
建筑水彩写生：描绘物体和建筑与空间、环境、照明及色彩的相互关系，形成艺术修养和色彩构成思维，培养造型和建筑绘画领域的专业技能，通过建筑水彩写生培养学生们运用色彩表现空间、安排色调、渲染气氛等画面整体处理的能力，掌握绘画和彩色建筑图形领域的实践技能。

Through the teaching of this course, students can master the basic knowledge of painting color, understand the formal beauty, the space beauty and the emotional beauty of color, and cultivate students' observation ability, analysis ability and aesthetic concept. And through the course practice to enable students to master the use of color means to complete modeling, so as to lay a good foundation of color art for professional learning.

1 Teaching Objectives
Cultivate students' understanding and expression of artistic color and form, and improve their artistic accomplishment of color.

2 Teaching Progress
Architectural watercolor sketch: Depict the relationship between the space, environment, lighting and color with objectives and buildings, artistic accomplishment and color composition thinking, cultivating professional skills in the field of model architectural drawing. Through architectural watercolor painting, train students' ability on picture adjustment and processing with the help of colors, including space expression, hue arrangement and atmosphere rendering, and make students obtain practical skills in the field of painting and color architectural graphics.

《红叶楼》 学生：李裕萱

《书香之院》 学生：朱李逸安

《吹香亭》 学生：朱李逸安

《乡村一隅》 学生：李浩宁

《江城》 学生：陈潇

《三轮和包袱》　学生：张亦菲

《红墙》 学生：廖子仪

《麓山禅寺》 学生：黄爽

《胜利斋》 学生：李弋辰

《村庄写生（一）》　学生：陈俊海

《村庄写生（二）》　学生：陈俊海

《光影》 学生：陆元昊

专题九： 建筑表现技法——专业美术
Topic 9: Architectural Expression Techniques—Professional Art

开课学期：大二春季学期

Semester: Spring semester of second grade

教师团队

Teacher team

| 黄茜 | 吴志勇 | 胡梦倩 | 明晖 |
| Huang Qian | Wu Zhiyong | Hu Mengqian | Ming Hui |

课程介绍

Course introduction

该课程为面向建筑学、城市规划专业开设的专业基础课程。学生通过学习，能够认识建筑表现技法的特征、形式和风格，通过专项训练培养学生水彩、马克笔、彩铅等不同工具表达设计理念、造型构思的专业技能，培养设计服务社会的价值观与设计形式美感。

1 教学目标
培养学生的专业技能，将美术的造型与色彩运用到设计表达中，高效有品位地将设计理念用合适的方式展现出来。

2 教学进阶
2.1 建筑画手绘用具与钢笔徒手画技法及应用
教学目的与要求：认识建筑表现的分类和工具要求，掌握钢笔骨线的表现形式。
教学内容：线的练习，配景的表现

2.2 分类技法练习
教学目的与要求：通过分类技法的训练掌握不同的渲染工具表现设计效果图。要求在前一章钢笔骨线稿的基础上，用不同的工具进行渲染。主要分类练习内容如下：
（1）彩铅技法及应用
（2）钢笔淡彩技法及应用
（3）马克笔技法及应用

This course is a professional basic course for students of architecture and urban planning majors. Through learning, students can understand the characteristics, forms and styles of architectural expression techniques, cultivate students' professional skills to express design ideas and modeling ideas with different tools such as watercolor, marker and colored lead through special training, and cultivate the values of design serving the society and the aesthetic feeling of design form.

1 Teaching objectives
Cultivate students' professional skills, apply the shape and color of art to design expression, and efficiently and tastefully display design concepts in a suitable way.

2 Advanced teaching
2.1 Architectural painting hand-painted tools and pen freehand painting techniques and applications.
Teaching purpose and requirements: understand the classification and tool requirements of architectural expression, and master the expression form of pen bone line.
Teaching content: line practice, scene matching performance.

2.2 Practice of classification techniques
Teaching objectives and requirements: master different rendering tools to represent design renderings through the training of classification techniques. It is required to render with different tools based on the pen bone line draft in the previous chapter. The main classification exercises are as follows:
(1) Color lead technique and its application
(2) Pen light color technique and its application

191

2.3 建筑渲染

教学目的与要求：渲染训练的基本目标是使学生掌握在平面上构建空间对象的基础能力，能在平面上准确表现空间结构的透视关系，强调客观空间结构关系的表达，结合空间、环境、光影来描绘对象和建筑，形成绘画视觉和思维，发展感知力和创造力，培养艺术审美和表达能力。

渲染课程分为水墨渲染和水彩渲染，要求完成古典建筑的立面渲染图上也可以同时画出平面和剖面，以便更好地理解建筑；完成古典建筑渲染后，进行一系列建筑效果图渲染练习。一般在给出平、立面的基础上，根据透视画法画成，或者实地考察拍照，参考照片绘制而成。建筑渲染的特点是空间感及光影真实感强，具有很强的艺术感染力。用渲染的方式能够很好地表现出建筑及其所在环境的光影关系，学生通过均匀的渲染、准确的阴影、精美的配景来逼真地再现空间的深度和材料的质感，在建筑表现训练过程中领悟建筑的艺术本质，客观真实地还原再现建筑物。

(3) Marker technique and its application

2.3 Architectural rendering

Teaching objectives and requirements:The basic goal of rendering training is to enable students to master the basic ability of building spatial objects on the plane, accurately express the perspective relationship of spatial structure on the plane, emphasize the expression of objective spatial structure relationship, draw objects and buildings in combination with space, environment, light and shadow, form painting vision and thinking, develop perception and creativity, and cultivate artistic aesthetics and expression ability.

The rendering course is divided into ink rendering and watercolor rendering. It is required to complete the elevation rendering of classical architecture, and draw the plane and section at the same time, so as to better understand the architecture. After the rendering of classical architecture, carry out a series of architectural rendering exercises. Generally, it is drawn according to perspective drawing method on the basis of plane and elevation, or it is drawn by field investigation and taking photos with reference to photos. Architectural rendering is characterized by a strong sense of space and light and shadow reality, and has a strong artistic appeal. The way of rendering can well show the light and shadow relationship between the building and its environment. Students can realistically reproduce the depth of space and the texture of materials through uniform rendering, accurate shadows and exquisite scenery, understand the artistic essence of architecture in the process of architectural performance training, and restore and reproduce the building objectively and truly.

《祈年殿》　学生：徐鹤贺

《应县木塔》 学生：黄爽

《湖南大学老图书馆》 学生：卢芊湫

《湖南大学大礼堂》 学生：徐鹤贺

《拙政园小景》 学生：陈雨欣

《拙政园芙蓉榭》 学生：黄爽

《单色水墨渲染》 学生：黄爽

《万神庙》 学生：谢竹鸿

《折衷主义》 学生：肖卓然

《布拉格广场》 学生：徐鹤贺

Grande Amore　学生：陈依琳

《盛夏翡冷翠》　学生：杨芷钰

《光影》 学生：龙湘怡

《城市一角》 学生：龙湘怡

《午后小镇》 学生：龙湘怡

《文和友》 学生：龙湘怡

《夜生活》 学生：龙湘怡

《如意芳霏》 学生：王馨梓